質感穿搭必備！
聰明衣飾保養祕笈

洗滌
・
去汙
・
縫補
・
收納

中村安秀・森 惠美子◎監修
NHK出版◎編著

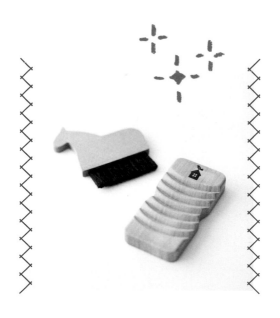

CONTENTS

※本書刊載的去汙方式，基本上是針對如何去除24小時內沾染到的髒汙。即使洗標上有手洗或洗衣機的清潔記號，但是屬於抓皺加工產品或無法送洗的材質時，請不要進行去汙處理。對於纖細素材或大範圍的髒汙，亦洽詢技術較好的乾洗店為宜。

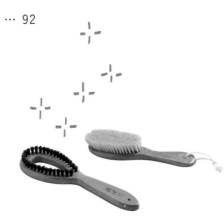

1

洗滌 篇

衣物保養的基礎便是每日洗滌。
即使都是丟進洗衣機裡，
但只要用點小技巧，就能改善去汙狀況
並減少衣物的損傷，呈現天壤之別的結果。
請記下這些意外不為人知的洗滌小訣竅吧！

洗 滌 之 前

先看「洗燙處理標示」
便能得知正確洗滌方式

　　市售衣物皆有標示其材質及洗滌方法的標籤。只要看這個處理標示上的記號，就能得知是否可使用洗衣機或必須手洗，是否可使用熨斗及其溫度上限、晾乾方式等適合該衣物的保養方式。另外也會寫出洗滌注意事項（處理標示的詳細解讀請參考P.8），遵守這些規則可以避免不必要的麻煩，因此務必先行確認。日本自2016年12月起，標示記號的設計亦統一同國際規格。

衣物分類洗滌
提升洗淨效果

　　以下述方式分類清洗衣物，可大幅提升洗淨效果，也能避免衣物糾纏打結，造成布料損傷。
①毛巾或日常衣物等使用一般清洗程序的物品，以及使用高級衣物專用清洗程序（「乾洗」、「手洗」等）的物品。需要依照洗衣行程分開清洗。
②白色和有色衣物需分開清洗（避免染色及沾附毛屑）。
③髒汙非常嚴重的需分開（預防「反汙染」）。

每日洗滌訣竅

使用**洗衣袋**
避免深色衣物沾附毛屑

黑色或深藍色等顏色較深的衣物，沾附毛屑會非常顯眼。能夠單獨清洗再好不過，但是休閒服或T恤之類使用洗衣機一般清洗即可的衣物，特地分開也很麻煩。只要將不希望沾附毛屑的衣物放進洗衣袋裡，就能簡單避免沾附毛屑。先將一起洗的衣物甩一甩去掉毛屑，效果會更好。

單次洗滌量以**洗衣機槽七至八分滿**為宜

洗衣機會標示清洗衣物重量上限的○kg，但是將床單被套等較輕的寢具硬塞進去，即使在重量範圍內也是NG的。將洗衣機塞滿就不容易去除汙垢，清潔劑也很難溶於其中。單次洗滌份量，最多在洗衣機槽七～八分滿左右（約可看見槽內上方壁面）。全自動洗衣機會以洗滌物的重量來決定水量，若是清洗較輕的衣物，可依據實際內容重新設定水量。

將衣物**翻面**
便能降低裝飾品與印花的磨損

日常穿著的T恤或休閒衫等，若有刺繡或珠花的裝飾，或熱轉印等印花圖案，就翻面再放進洗衣機吧！直接圖案朝外清洗，由於會碰撞洗衣槽內壁或與其他衣物摩擦，容易受損。

此外，為了降低紫外線的傷害，建議晾乾時也是背面朝外。

但是貴重材質的高級衣物，請使用P.12至P.13的方法清洗。

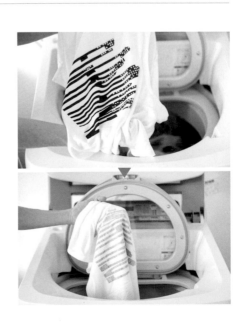

新版 & 舊版「洗燙處理標示」

日本自2016年12月起，市面上販售的各類服飾產品，
其洗標記載的洗燙處理記號皆已變更。
除了舊版的記號以外，也一起來了解新記號的意義吧！

舊版使用的主要標示

洗標圖案	意義說明	洗標圖案	意義說明
40	可在洗衣機中水洗，水溫上限不超過攝氏40℃。		吊掛晾乾。
弱 40	可在洗衣機中水洗，水溫上限不超過攝氏40℃，但需弱速洗滌。或使用溫和的手洗。	平	攤平晾乾。
手洗 30	水溫上限不超過攝氏30℃，最好使用力道溫和的手洗。不可使用洗衣機。		陰涼處吊掛晾乾。
	禁止一般居家水洗。	中	熨斗溫度上限不超過攝氏160℃，以中溫（140～160℃）熨燙。
氯系漂白劑	可使用氯系漂白劑進行漂白。		不可熨燙。
氯系漂白劑	不可使用氯系漂白劑進行漂白。	乾洗	可乾洗。使用四氯乙烯或石油性溶劑。
弱	以手輕輕擰乾，使用機器離心脫水時，建議縮短時間。	乾洗 石油性	可乾洗。使用石油性溶劑。
	不可擰乾（脫水）。	乾洗	不可乾洗。

2016年12月起使用的主要標示

洗標圖案	意義說明	洗標圖案	意義說明	洗標圖案	意義說明
〔洗衣桶 40〕	水溫上限不超過攝氏40℃，洗衣機使用弱速洗滌。	〔圓內兩點〕	可使用烘衣機烘乾。一般溫度：烘乾溫度不超過攝氏80℃。	〔熨斗兩點〕	熨斗接觸面溫度上限不超過攝氏150℃。
〔洗衣桶 40 雙線〕	水溫上限不超過攝氏40℃，洗衣機使用極弱速洗滌。	〔圓打叉〕	不可使用烘衣機烘乾。	〔熨斗打叉〕	禁止熨燙。
〔手洗〕	僅限手洗。水溫上限不超過攝氏40℃。	〔方形內直線〕	吊掛晾乾。	〔圓內P〕	可送交業者乾洗，使用四氯乙烯等溶劑。弱速處理。
〔洗衣桶打叉〕	禁止一般居家水洗。	〔方形內兩直線〕	不脫水吊掛晾乾。	〔圓內F〕	可送交業者乾洗，使用石油性溶劑（蒸餾溫度攝氏150～210℃，引火點38℃～）。弱速處理。
〔三角形〕	可使用所有漂白劑。	〔方形內橫線〕	攤平晾乾。	〔圓打叉〕	禁止乾洗。
〔三角形斜線〕	可使用氧系／非氯系漂白劑。禁止使用氯系漂白劑。	〔方形內兩橫線〕	不脫水攤平晾乾。	〔圓內W〕	可送交業者濕式清潔。極弱速處理。
〔三角形打叉〕	禁止使用漂白劑／禁止漂白。	〔方形左上斜線〕	陰涼處吊掛晾乾。	〔圓內W打叉〕	禁止使用濕式清潔法。

記號結構

新的洗標，是以基本記號搭配線「—」或點「●」等附加符號及數字來表示。標示皆為處理方法上限，記號無法清楚表達的資訊，會以簡單敘述記載於該記號附近。

5個基本記號

- 〔洗衣桶〕 居家洗滌（洗衣機、手洗）
- 〔三角形〕 漂白
- 〔方形〕 乾燥
- 〔梯形〕 熨燙
- 〔圓形〕 送洗

附加記號＆數字

▼ 強度 （附加於基本記號之下）

〔無線條〕	一般強度
═	弱
▄	極弱

「線（—）」越多表示力道越弱。

▼ 禁止

✕

與基本記號組合，表示禁止。

▼ 溫度 （附加於基本記號裡）

・以記號表示
「●」 「●●」 「●●●」
低 ——————→ 高
烘衣機烘乾或熨斗的溫度皆以「點（●）」表示。點數越多表示溫度越高。

・以數字表示 （例）
〔洗衣桶 40〕

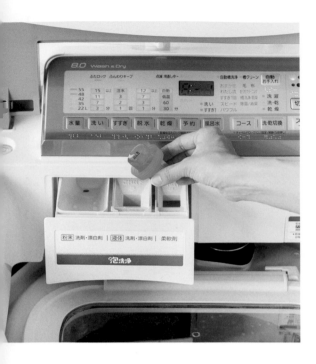

遵守**清潔劑推薦用量**
才能發揮最大效果

您是否認為「清潔劑放多一點比較乾淨」呢？其實加入過量的清潔劑並不會改變洗淨效果。反而可能因為清潔劑過量，導致沖洗不夠充分，殘留於衣物上。多沖洗幾次又會造成環境和家庭支出的負擔，也很浪費。

相反的，清潔劑過少則不易去除汙漬，也會造成難聞的氣味。因此配合洗滌衣物份量，根據清潔劑標示的「建議使用量」，遵守適用量會更有效率。衣物柔軟精和漂白劑也是相同道理，遵守用量才能發揮最大效果。請了解各種清潔劑的特徵（參考右頁），正確使用。

清潔劑＋漂白水
浸泡處理
去除惱人氣味

有時剛洗好的毛巾或內衣會殘留氣味；在室內晾乾的洗滌物也會有潮濕的氣味。這是由於未清潔乾淨的汙垢被細菌分解而產生的氣味。解決這個問題的有效方法，就是先浸泡於清潔劑與可使用於有色衣物的氧系漂白劑當中，再進行洗滌。洗滌物浸泡在45℃左右的溫水中，加入適量清潔劑和氧系漂白劑，大約三十分鐘後再倒入洗衣機正常清洗，衣物就會清新宜人。

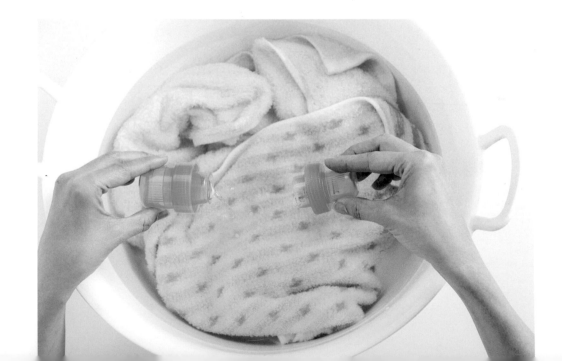

衣物柔軟精
不僅讓衣物柔軟 還能抑制靜電

衣物柔軟精不僅能讓衣物柔軟、擁有舒適觸感，同時也具有抑制靜電的效果。由於衣物柔軟精中的陽離子介面活性劑會覆蓋纖維表面，因此即使產生靜電也能迅速導出。穿著較薄的化纖衣物或脫掉毛衣時，就能避免產生劈哩啪啦的靜電。洗後柔軟滑順的衣物質料，也因為減少纖維之間的摩擦，不容易產生靜電。

同時使用漿衣精 與衣物柔軟精
使衣服柔軟且有型

清洗衣物後，同時使用讓衣物柔軟的衣物柔軟精，以及讓衣物挺立的漿衣精，便能使衣物兼具兩種質感。

洗滌後在洗衣機中儲水，加入各一半使用量的漿衣精及衣物柔軟精混勻，再放進衣物運作約三分鐘，稍稍脫水後晾乾即可。希望洗滌物柔軟又有型的罩衫、POLO衫、圍巾、蕾絲窗簾等，很推薦這種作法。

達人祕技 清潔劑＆輔助劑

清潔劑

粉末	運用酵素的力量輕鬆洗滌，具備穩定清潔能力。也適用於泥砂類的髒汙。
液體	易融於水。多為濃縮產品，較少的使用量也可降低沖洗次數。
高級衣物用	溫和不傷纖維的洗淨成分，不易傷及纖細素材，也不易造成褪色或衣物變形。

漂白劑

氧系	適用於可水洗的白色或有色衣物。但是弱鹼性粉末的類型，需注意無法使用於羊毛或絲製品等動物性纖維。
氯系	具有強效漂白及優秀的除菌、抗菌、防臭效果，但不適用於白色以外的衣物。可使用的衣物材質也很有限。

修飾劑

衣物柔軟精	在最後的沖洗步驟加入，於纖維表面形成覆膜，使衣物柔軟，同時具備防靜電效果。
漿衣精	使布料具備適度張力及硬挺度，並且防止起毛。也有熨燙前噴灑用的類型（助燙劑）。

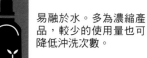

高級衣物的清洗（洗衣機）

選擇「乾洗」、「手洗」、「高級衣物」等專用模式

「乾洗標示」是指「可以乾洗」，並非「只能乾洗」。

即使服裝上的洗標印著「乾洗」記號，但同時也有「手洗」或「洗衣機清洗」記號時，就表示亦可一般居家清洗。

部分洗衣機擁有「乾洗」、「手洗」、「高級衣物」之類的專用模式，只要善用這些模式，便能適當洗淨貴重的高級衣物。清潔劑選用溫和清潔纖細材質，高級衣物專用的中性清潔劑（冷洗精）即可。

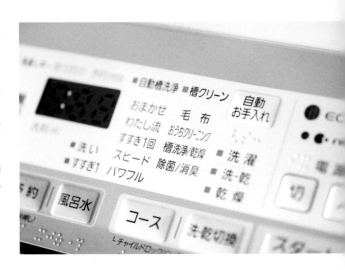

選用尺寸正好的**洗衣網**
僅放一兩件不可貪多

使用洗衣機清洗高級衣物時，為了盡可能防止損傷及變形，必須使用洗衣網保護。

但洗衣網的尺寸若是過大，衣物就會在當中翻轉，反而容易造成皺摺，或與網子摩擦造成損傷。而放入太多件塞滿的情況，則會造成清潔劑不易滲透，去汙效果不佳。

洗衣網的尺寸，請選用衣服對摺剛好可以放入的大小。放進去的時候，將特別在意的髒汙處朝外，一個袋子放一兩件即可。

高級衣物的清洗（手洗）

使用**壓下＆上提手法**
再以洗衣機**脫水**即可輕鬆清洗

　　只要清洗一件高級衣物時，選擇手洗也能迅速處理完畢。將衣物放入預先準備好的洗衣水當中，輕輕壓下再雙手捧起，並重複數次。之後再使用洗衣機脫水，如此便能快速洗滌，作業也非常輕鬆。由於長時間脫水會造成皺摺或變形，因此請選擇最短時間。若綴有細緻的裝飾品，擔心脫水會造成損傷，也可使用浴巾進行脫水。（參考下方達人祕技）

髒汙痕跡明顯處，先以手指沾取冷洗精，直接塗抹。

在30℃左右的溫水中倒入適量冷洗精，攪拌融合。

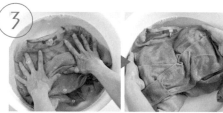

放入衣物，雙手張開壓至水底，再從衣物下方捧起。重複動作數次，使清潔劑滲透衣物。

將衣物連同洗衣水倒入洗衣機中，脫水30秒至1分鐘左右。之後重覆「沖洗→用洗衣機脫水」的動作兩次，晾乾。

達人祕技 浴巾脫水法

A 將輕輕擰乾的衣物攤開，置於浴巾下半段，摺起浴巾上半段覆蓋在衣物上。 **B** 宛如捲壽司般由邊緣捲起浴巾。 **C** 緊實地捲到底，使其成為棒狀。 **D** 以雙手輕壓，讓浴巾充分吸取衣物的水分，再拿去晾乾。

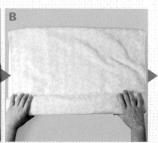

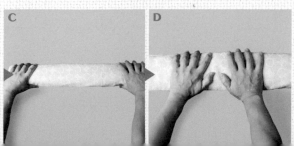

晾曬訣竅

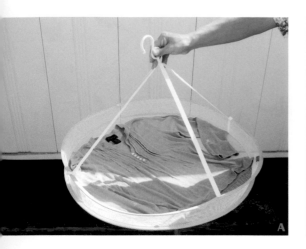

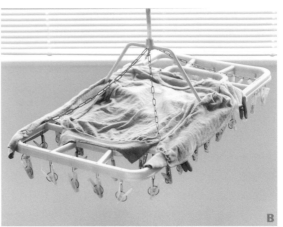

平晾法
讓針織等容易變形的衣物維持美麗形狀

居家清洗針織類衣物時，必須特別留心晾乾方式。含有水分的針織衣物容易因重量而拉伸變形，最好盡量平放乾燥。市面上有販賣平晾專用的產品（**A**），沒有的話，亦可在晾衣夾上方鋪放洗衣網，再將衣物平攤晾乾（**B**）。

晾在室內時
使用電風扇
去除惱人氣味

晾在室內的衣物無法很快乾燥，會導致細菌繁殖，產生惱人的氣味。為了加速乾燥，利用電風扇直吹即可有效避免。吊掛衣物時別太緊密，稍微隔點距離；浴巾或床單等較大件的織品，可以使用曬衣架盡量攤開布料，加速乾燥。

亦可善用空調的除濕功能或除濕機來降低室內濕度。

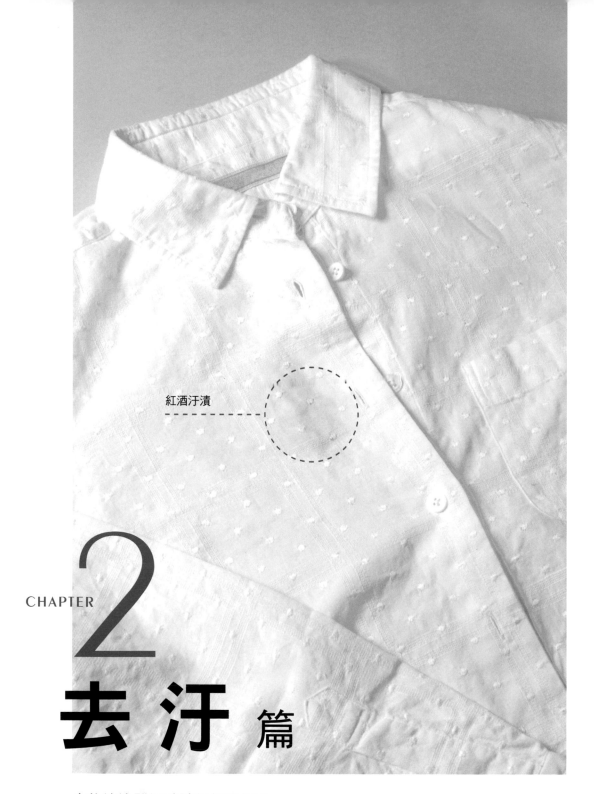

紅酒汙漬

CHAPTER

2 去汙 篇

衣物沾染髒汙時該如何是好？
能夠手洗或機洗的衣物，在沾染髒汙的24小時內，
幾乎都可以清理乾淨，請務必依本書步驟試著清除。
各式各樣的汙漬必須依據其特徵，進行不同的處理方式。
本單元將介紹各種訣竅，請以輕鬆的心情來去除吧！

去汙之前

實際進行去汙的步驟前，
請先記下關於髒汙的基本知識。
使用正確的方法去汙，
才能不傷衣料的完美處理。

去汙刷
（參考P.19）

確認衣物洗標

去汙時，請先確認衣物上的洗標。只有洗標註明手洗或洗衣機清洗標示（可居家清洗），或可乾洗的衣物，才適用本書介紹的去汙方式。

即使是100%純棉，也不一定會有手洗或洗衣機清洗的標示，這點請多留心。即使有手洗或洗衣機清洗的標示，但仍然因為高級衣物材質而感到些許不安，就直接委託給專門的洗衣店吧！

※洗燙處理標示的說明請參考P.8。

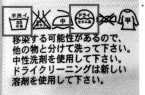

〇 可自行去汙

移染する可能性があるので、他の物と分けて洗って下さい。中性洗剤を使用して下さい。ドライクリーニングは新しい溶剤を使用して下さい。

有著可手洗亦可乾洗的標示，因此能夠自行處理去汙。

濃色は多少色落ちする事がありますので物とのお洗濯はお避け下さい。生成り・淡色には蛍光増白剤の入っていない剤をご使用下さい。長時間の水への浸漬はお避け下さい。洗濯後は速やかに形を整えて陰干しをしい。乾燥機のご使用はお避け下さい。

有著可一般機洗，亦可乾洗的標示，因此能夠自行處理去汙。

✕ 無法自行去汙

72

麻　100%

無法居家水洗的衣物，即使有乾洗標示也不可自行去汙。

品質表示
指定外繊維（テンセル）９５％
ポリウレタン　５％
取扱い方

雖然可以手洗，但無法乾洗的衣物，最好還是避免自行去汙。

達人祕技
別忘了先行確認有色衣物是否會褪色

印花等有色衣物即使能夠居家清洗，也可能是會褪色的衣物，因此在去汙之前務必先行確認。只要在不顯眼處滴一滴中性洗碗精，等清潔劑滲入纖維後，在下面鋪上毛巾，然後以棉花棒敲打即可。若棉花棒或下方毛巾沾染顏色，就無法自行去汙。

依據髒汙種類
去除方式各有不同

髒汙大致可分為水溶性、油溶性及不可溶性三種，
也有不少是混合性的髒汙。
請了解各自的特徵後，以正確方式去除。

水溶性 髒汙使用中性洗碗精去除

醬油
沾醬・茶
咖啡
果汁等

水

　　醬油、茶、酒、汗水、尿液，或牛奶、蛋、血液等內含蛋白質者，以及食物中的色素，都是屬於水溶性汙漬。基本上都可以使用水洗清潔。但是沾染時間較久或曾經加熱過，就會變得不容易去除，此時請使用中性洗碗精清理。

油溶性 髒汙請使用卸妝油去除

含有油脂的食品
機油
筆類
化妝品等

油

　　化妝品等油溶性髒汙，基本上要使用油品去除。本書主要利用卸妝油使髒汙浮起再去除。但是含有油脂的食品，通常同時包含水溶性成分。最具代表性的就是各種沾醬和沙拉醬等。機油當中也含有煤灰或金屬粉末、泥土等不可溶性物質（不溶於水也不溶於油）的汙垢。如此複雜的髒汙，就必須使用P.18的順序來去汙（詳細參考P.21以後的各種去汙方式）。

不可溶性 髒汙要以敲打方式去除

泥水汙漬
墨汁・灰塵
粉塵等

不

　　不溶於水也不溶於油的髒汙，無論使用清潔劑或漂白劑都無法去除。例如：泥水汙漬，會有細小的粒狀物質滲入纖維中。要去除這些髒汙，最好的方法是「待其乾燥後將髒汙敲打出來」。因為可能需要使用牙刷等用力刷除，因此居家去汙時，請避免使用於高級衣物。

了解染漬與髒汙的原理結構

為何有時當試去汙卻失敗？有可能是因為用錯了去汙方式。如P.17所述，不管是一時失手打翻的食物或飲料，或是愛玩的孩子帶回來的泥巴汙垢，雖然都統稱「髒汙」，實際上卻分為許多種類。如果能了解染漬及髒汙是如何附著在纖維上，便能了解應該如何去除。

去除複合性髒汙時順序很重要

成分複雜的染漬或髒汙，依照下列處理順序可有效去除。
① 可溶於油的染漬或髒汙
② 可溶於水的染漬或髒汙
③ 無法溶於水或油的染漬或髒汙
④ 色素

若是仍有無法去除的殘留色素，就使用漂白劑。請記住，漂白劑是無法可想時的最後手段。

染漬及髒汙
實際的附著模樣

當油溶性、水溶性及不可溶性髒汙混合在一起的時候。

去除髒汙的順序

① 可溶於油的染漬或髒汙（油溶性）
② 可溶於水的染漬或髒汙（水溶性）
③ 無法溶於水或油的染漬或髒汙（不可溶性）
④ 色素

達人祕技

沾染髒汙時
那些似曾作過的錯誤處理

用餐時若沾染髒汙，很容易就會立刻拿起毛巾沾水之類的物品來擦拭，然而這正是錯誤的開頭。水分一旦滲入，布料纖維便會鬆開，導致髒汙深入縫隙，可能變得更難去除。若是使用餐飲店的擦手巾或塑膠袋密封的濕紙巾，當中含的氯可能使衣物褪色或損傷布料。

沾染髒汙時最先進行的措施，是以乾布或面紙輕輕抓取髒汙處（用力擦會導致髒汙難以去除，絕對不要這麼作）。當下先擦掉表面的汙垢，回去之後再盡快配合髒汙的種類，使用適當的方式進行去汙。

去汙必備工具 & 基本清潔劑

去汙最重要的成功因素，便是一發現髒汙就馬上處理。
因此，平時就該準備好基本工具和清潔劑。

棉花棒
沾取卸妝油去除髒汙。

去汙刷
上下兩端皆有硬刷毛的木棒，有此專
用刷具會非常方便。亦可使用硬毛牙
刷代替。

骨筆（裁縫用）
要將浮出表面的髒汙刮下
時，就使用骨筆。亦可以湯
匙代替。

白毛巾・廚房紙巾
去汙時，摺起墊於衣物下方
之用。

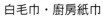

硬毛牙刷
作為去汙刷使用，掃除表面汙垢非常
方便。

卸妝油
主要用於去除油溶性汙垢。

塊狀肥皂
敲打泥汙等不可溶性髒汙時
使用。

中性洗碗精
用於去除水溶性汙垢，以及
去除油溶性汙垢的收尾。

氧系漂白水
只要是可以水洗的纖維，無
論純白或印花衣物皆能使用
的便利漂白劑。

食品汙漬

烹飪中或用餐時，一時失手就可能不小心沾上食品汙漬。從簡單

水洗即可去除的汙垢，到包含油脂或色素只能一步步處理的，涵

蓋了各式各樣的髒汙。不管是哪種汙漬，只要經過一段時間就會

難以去除。因此一發現就要立刻以乾布或面紙輕輕抓取汙漬處，

並且儘快進行處理。

範例：白襯衫（棉）

準備物品
- ☐ 中性洗碗精
- ☐ 去汙刷（或硬毛牙刷）
- ☐ 白毛巾（或廚房紙巾）

水

咖啡漬

➡先以中性洗碗精 輕輕拍打 再以溫水搓揉洗淨

留下棕色痕跡的咖啡染漬，可以使用中性洗碗精去除。同為飲料的茶、啤酒、果汁汽水等染漬，即使當下並不明顯，之後也會轉變成黃色。請勿放著不管，要以相同方式進行處理。

背面

1 將襯衫翻至背面，在染漬下方墊著毛巾。

2 以刷子沾取中性洗碗精，從背面敲打染漬整體，使咖啡漬轉移至墊在下方的毛巾。挪動毛巾的位置，並重覆此動作數次。若汙漬仍舊難以掉落，再將襯衫翻回正面，以相同方式進行處理。

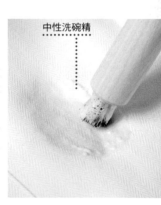

中性洗碗精

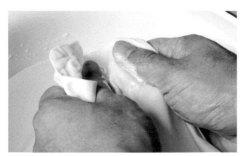

3 待染漬清除得差不多之後，使用溫水搓洗。

4 之後以洗衣機進行一般清洗即可。

範例：圍裙（棉）

準備物品
- ☐ 中性洗碗精
- ☐ 去汙刷（或硬毛牙刷）
- ☐ 白毛巾（或廚房紙巾）

（水）

醬油漬

➡先以中性洗碗精輕輕拍打使其轉移至毛巾

醬油可溶於水，若沾到就立刻以水清洗，很容易便能去除。

但要是過了一段時間，就使用中性洗碗精來處理吧！沾醬、橘醋、蕎麥麵醬汁等，亦可以同樣方法去除。

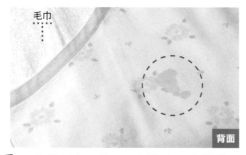

1 將圍裙翻至背面，在染漬下方墊著毛巾。

2 以去汙刷（或硬毛牙刷）沾取中性洗碗精。

3 使用去汙刷從背面敲打染漬整體，使染漬轉移至墊在下方的毛巾。祕訣是盡量垂直拿著去汙刷，像蓋章那樣直接敲打（左圖）。若使用牙刷，則盡量水平拿著，不刷洗，同樣是敲打汙處（右圖）來去漬。

4 敲打整片染漬後，確認狀態。油汙應該會轉移至下方的毛巾。

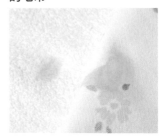

5 挪動毛巾的位置，並重覆步驟2至4。轉移到毛巾上的染漬會越來越淡。

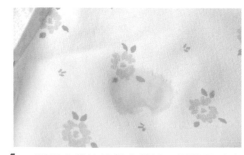

6 圍裙上的染漬越來越淡，轉移至毛巾的顏色也變淺時就差不多了。

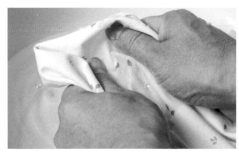

7 準備溫水，手洗染漬部分。

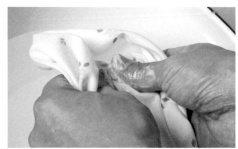

8 以雙手大拇指和食指捏住染漬處，以只動單邊手指（另一邊不動）的揉捏手法清洗。

9 之後以洗衣機進行一般清洗即可。

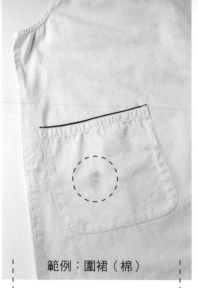

範例：圍裙（棉）

準備物品
☐ 卸妝油
☐ 中性洗碗精
☐ 去汙刷（或硬毛牙刷）
☐ 白毛巾（或廚房紙巾）

（油）

麻油漬

➡ 使用卸妝油 與中性洗碗精 進行去汙

基本上「油漬要以油去除」。
因此卸妝用的卸妝油可廣泛運用於去汙。市售醬料或沙拉醬多半也有加入食用油，所以此方法對該類染漬也非常有效。

正面

1 將毛巾放入圍巾口袋中。若染漬在圍裙其他地方，則翻至背面，在染漬下方墊著毛巾。

卸妝油

2 以刷子沾取卸妝油。

3 使用刷子敲打染漬整體，先去除麻油的油脂成分。

中性洗碗精

4 接下來以清洗乾淨的刷子沾取中性洗碗精。

5 使用刷子在卸妝油上敲打。

6 卸妝油很容易留下外圈染漬，為了避免這種情況，請務必仔細敲打卸妝油外圈。

※若油漬已經滲透至口袋內層，則圍裙背面也要以相同方式進行去汙處理。

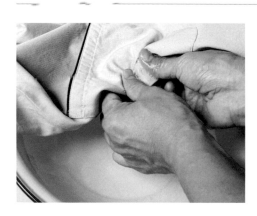

7 在溫水中搓揉洗淨染漬。

8 之後以洗衣機進行一般清洗即可。

達人祕技

沾到燈油時

　　將燈油倒進石油暖爐時，可能會不小心沾上燈油。沾到燈油時，請先等它完全乾燥。如此一來，染漬會變的非常不明顯，味道也幾乎都消失了。要是殘留了外圈染漬，請使用去漬油（參考P.54），以下列步驟處理。

①棉花棒沾取去漬油，敲打染漬處。

②乾燥之後，以刷子沾取卸妝油再次敲打。

③以中性洗碗精搓洗。

④該衣物單獨以洗衣機進行一般清洗。

　　燈油很容易以乾洗清除，因此若是大範圍沾染，不妨直接交給乾洗店處理。

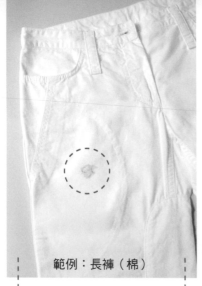

範例：長褲（棉）

準備物品
- ☐ 卸妝油
- ☐ 中性洗碗精
- ☐ 去汙刷（或硬毛牙刷）
- ☐ 骨筆（或湯匙）
- ☐ 廚房紙巾（或白毛巾）

水 油

咖哩漬

➡ 去掉髒汙之後
藉由照射紫外線
分解色素

咖哩染漬包含咖哩醬中的油分、麵粉、蔬菜等，因此要先清除這些成分。
殘留的黃色色素無法馬上去除，但只要經過日光照射，就會變得不顯眼。

1 將廚房紙巾放入長褲口袋中。若汙漬在其他地方，則是將褲子翻面，同樣在染漬下方墊著廚房紙巾。

卸妝油

2 以刷子沾取卸妝油，敲打染漬處。

3 深入纖維的咖哩成分浮出之後，以骨筆刮除。

4 以廚房紙巾擦掉骨筆上的髒汙，不斷重複直到不再有咖哩成分浮出。

中性洗碗精

5 接下來以清洗乾淨的刷子沾取中性洗碗精,敲打沾附卸妝油的髒汙處。

6 待深處的咖哩成分浮出,就用骨筆刮起。

7 使用刷子敲打時,咖哩的色素也會轉移至下方的廚房紙巾。重複以刷子沾中性洗碗精敲打,再用骨筆刮起髒汙,直到咖哩漬不明顯。

8 染漬大致掉落後(咖哩的顏色未完全去除),置於溫水中搓洗。

9 以洗衣機進行一般清洗,在日光下晾乾。黃色色素(薑黃素)會被紫外線分解而變淡。

※印花衣物經過日光直射可能會褪色,因此請陰乾。雖然比較花時間,但色素還是會變淡的。

10 經過多次清洗、日曬後,咖哩的色素幾乎消失了。

範例：坦克背心（棉）

準備物品
- ☐ 卸妝油
- ☐ 中性洗碗精
- ☐ 氧系漂白水
- ☐ 去汙刷（或硬毛牙刷）
- ☐ 骨筆（或湯匙）
- ☐ 廚房紙巾（或白毛巾）

水 油

肉醬漬

➡仍有色素殘留
就使用氧系漂白劑

以油分為基礎，並混有許多成分的肉醬汙漬並不容易去除。

使用卸妝油加上中性洗碗精之後，仍然殘留汙痕時，就利用有色衣物也能使用的氧系漂白劑恢復潔淨吧！

正面

1 首先要將纖維表面的肉醬成分刮起，因此從正面開始處理。背心正面朝上，將廚房紙巾墊在染漬下方。

卸妝油

2 以刷子沾取卸妝油，敲打染漬處。

3 卸妝油與肉醬融合後，成分即會浮出，這時以骨筆刮起。重複步驟2至3數次。

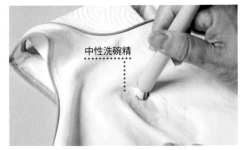

中性洗碗精

4 待肉醬成分清除至一定程度，以清洗乾淨的刷子沾取中性洗碗精，敲打染漬處。

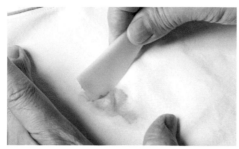

5 以骨筆刮起肉醬髒汙。

6 以廚房紙巾擦拭骨筆上的髒汙，重複步驟4至5。要是去除效果不理想，就將背心翻至背面，依步驟2的作法以刷子敲打。

7 置於溫水中搓揉洗淨。

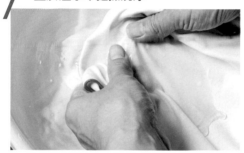

8 仍舊殘留肉醬顏色的情況，再進行漂白。由於這件背心有著粉紅色的滾邊，因此選用有色衣物小能使用的氧系漂白水。

※使用漂白水之前必須先盡可能去除染漬。即使不先去汙就立刻漂白，效果也不佳。

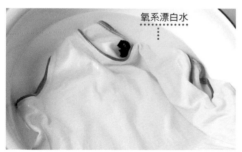

氧系漂白水

9 將適量漂白水加入約45℃的溫水中，放入背心浸泡半小時左右。若是頑強汙垢，可先將漂白水原液抹在於染漬處，再進行浸泡。

10 之後以洗衣機進行一般清洗即可。

去除汙漬後
仍殘留色素時

咖啡、醬油、肉醬等汙漬，去汙後仍殘留色素時，就先以氧系漂白水來處理看看吧！即使這樣也無法完全去除染漬的情況下，還可以使用漂白效果更好的氯系漂白水。但只能使用在棉、麻，且顏色為白色的衣物上（有些材質反而會變黃，因此請先於不顯眼處測試後再使用）。而且使用氯系漂白水後會殘留消毒藥水味，不喜歡的人可以先準備好除氯劑，便能安心使用。

氯系漂白水

想要去除殘留的淡色染漬時，可以使用氯系漂白水。但不適合用於不可溶的泥巴汙漬等。

※使用時請保持良好通風，並戴上橡膠手套。

1 在通風良好處，戴上橡膠手套。將適量氯系漂白水加入40℃左右溫水中。

2 放入衣物，注意染漬要朝外。

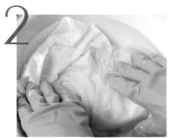

3 雙手輕壓清洗，浸泡半小時左右。之後以清水沖洗兩次。

除氯劑

4 重新裝水，放入兩顆左右的除氯劑，使其溶解。

※可在大賣場的水槽用品區購入。

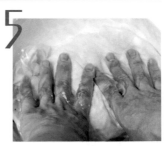

5 將衣物放入浸泡，去除消毒水味。之後以洗衣機進行一般清洗即可。

範例：襯衫（棉）

 水 油

烤肉醬 汙漬

➡使用卸妝油之外 加上中性洗碗精以及 肥皂泡更是重點

烤肉醬包含了各式各樣材料，
因此染漬成分也非常複雜。
使用塊狀肥皂的泡泡敲打，
去除滲入纖維的微小粒子。

準備物品

- ☐ 卸妝油
- ☐ 中性洗碗精
- ☐ 塊狀肥皂
- ☐ 去汙刷（或硬毛牙刷）
- ☐ 白毛巾（或廚房紙巾）

卸妝油　　背面

1 將襯衫翻至背面，毛巾墊在下方，以刷子沾取卸妝油，敲打染漬處。

中性洗碗精

2 接下來以清洗後的刷子沾取中性洗碗精，再次敲打染漬處。

塊狀肥皂泡

3 接著以清洗乾淨的刷子讓塊狀肥皂起泡，沾取泡泡後敲打，使烤肉醬裡包含的微小粒子浮出。若染漬仍難以去除，可翻回正面進行敲打。

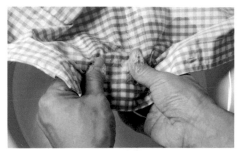

4 染漬去除得差不多後，置於溫水中搓洗。之後以洗衣機進行一般清洗即可。

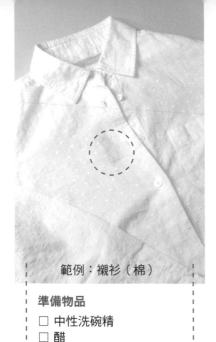

範例：襯衫（棉）

準備物品
- ☐ 中性洗碗精
- ☐ 醋
- ☐ 去汙刷（或硬毛牙刷）
- ☐ 白毛巾（或廚房紙巾）

水

紅酒漬
➡以中性洗碗精加上醋來去除

紅酒漬只要以中性洗碗精加上幾滴醋來敲打，
就有很好的清除效果。
由於清潔劑的成分會由中性轉為酸性，
便能輕易去除含有多酚的紅酒染漬。

1
背面

將襯衫翻至背面，在染漬下方墊著毛巾。

2
中性洗碗精+醋

以刷子沾取清潔劑（中性洗碗精一大匙加上幾滴醋）。

3

仔細敲打染漬整體並移動毛巾吸收染漬，若仍舊難以去除，則翻回正面敲打。

4

以溫水搓洗染漬處。染漬去除後，以洗衣機進行一般清洗即可。

達人祕技

玫瑰紅酒與白酒汙漬

玫瑰紅酒的染漬，處理方式與紅酒相同。

白酒的染漬由於乾燥後不易看見，因此是所謂的「隱藏性汙漬」。時間一久仍會轉變為黃色染漬，因此沾附後還是盡快清洗去除為宜。

範例：體育褲（棉）

準備物品
- ☐ 冰（裝進塑膠袋中）
- ☐ 卸妝油
- ☐ 中性洗碗精
- ☐ 去汙刷（或硬毛牙刷）
- ☐ 骨筆（或湯匙）
- ☐ 白毛巾（或廚房紙巾）

油 不

口香糖黏漬

➡先以冰塊冷卻 使其凝固再刮除

一旦不小心沾上口香糖，
等到發現時可能已經牢牢黏著很難去除。
要去除具黏性的口香糖有許多方式，
這裡介紹的方法是使用冰塊冷卻，
待其凝固硬化後取下。

1 在口香糖背面墊上毛巾，將冰塊放在正面的口香糖上，冷卻直到口香糖失去黏性變得硬梆梆。

2 以骨筆刮下硬化的口香糖，刮除至一定程度時亦可直接以手清理。難以去除時，可以再冰一下。

卸妝油

3 仍有口香糖殘留時，以刷子沾取卸妝油，敲打黏漬處使其溶解。

4 再次使用骨筆清潔。之後以刷子沾取中性洗碗精，在卸妝油上敲打。之後以洗衣機進行一般清洗即可。

化妝品汙漬

化妝品汙漬是可以油溶解的油溶性。基本上就是等同卸妝，只要

沒有弄錯方法，即使沾染在衣物上也能出乎意料之外的輕易去

除。除了指甲油漬要用到去光水之外，其他所有化妝品汙漬都只

需要卸妝油及中性洗碗精便能完美去除。請不要放棄清潔，一起

來試試吧！

範例：針織衫（棉）

準備物品
- ☐ 卸妝油
- ☐ 中性洗碗精
- ☐ 棉花棒
- ☐ 去汙刷（或硬毛牙刷）
- ☐ 廚房紙巾（或白毛巾）

（油）

口紅漬

➡重點在於重複使用棉花棒清理

口紅漬極為顯眼，但只要掌握重點，
以棉花棒沾取卸妝油去除口紅成分。
之後再以去汙刷敲打便能徹底清除。

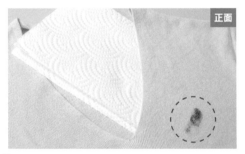

正面

1 針織衫正面朝外，在汙漬下方墊上毛巾。

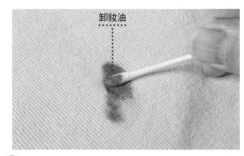

卸妝油

2 以棉花棒沾取卸妝油，刷塗汙漬處使口紅成分沾附於棉花棒上。重複此步驟並不斷更換棉花棒，直到口紅顏色逐漸消失。

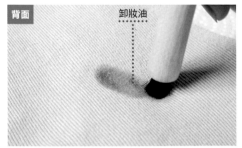

背面　　卸妝油

3 將針織衫翻至背面，在染漬下方墊著毛巾。以刷子沾取卸妝油後敲打染漬處，重覆此動作直到染漬變淡。

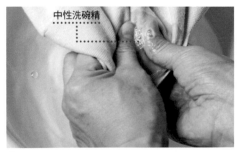

中性洗碗精

4 沾取中性洗碗精，於溫水中搓洗染漬處。之後遵照衣服洗標（參考P.8至P.9）清洗即可。

範例：POLO衫（棉）

準備物品
- ☐ 卸妝油
- ☐ 中性洗碗精
- ☐ 去汙刷（或硬毛牙刷）
- ☐ 廚房紙巾（或白毛巾）

油

粉底漬

➡以卸妝的要訣 使用卸妝油

穿脫衣物時，
常常一個不小心沾到的汙漬便是粉底。
使用卸妝油讓汙漬浮起後去除，
再以中性洗碗精搓洗，
以免留下卸妝油的外圈染漬。

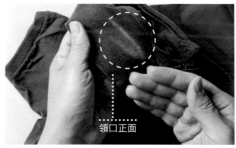

領口正面

1 首先，以手拍掉粉底的粉。

2 以手指輕輕搓揉，進一步將沒拍掉的粉揉掉。使用清潔劑前，盡可能去除表面髒汙。

3 汙漬處朝上，將廚房紙巾墊在染漬下方。

卸妝油

4 以刷子沾取卸妝油。

5 以刷子敲打沾染粉底處。

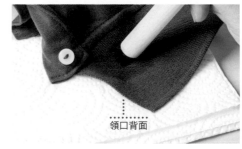

領口背面

6 等卸妝油滲透布料，就翻過來從背面敲打。

7 粉底髒汙會轉移至墊在下方的廚房紙巾，重複敲打直到不再有顏色沾附。

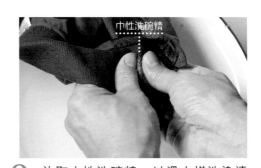

中性洗碗精

8 沾取中性洗碗精，以溫水搓洗染漬處。
※有色衣物過度搓揉可能會掉色，請注意。

9 之後以洗衣機進行一般清洗即可。

範例：針織衫（棉）

準備物品
- ☐ 去光水
- ☐ 中性洗碗精
- ☐ 棉花棒
- ☐ 去汙刷（或硬毛牙刷）
- ☐ 廚房紙巾（或白毛巾）

油

指甲油漬

➡ 使用成分
可溶解油脂的去光水
溫和去汙

卸除指甲油使用的去光水，
也能有效用於沾染衣物的情況。
但材質為醋酸纖維或三乙酸酯的服飾
可能會造成布料溶解，因此無法使用。
清潔前請先確認衣物標籤。

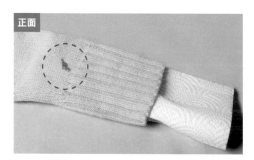

正面

1 針織衫正面朝外，將廚房紙巾墊在染漬處下方。

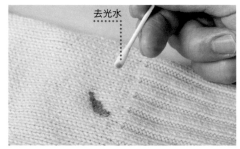

去光水

2 以棉花棒沾取去光水，去除指甲油。重複此步驟並不斷更換棉花棒，直到指甲油顏色消失。

背面　去光水

3 將針織衫翻至背面，在染漬下方墊著廚房紙巾。以刷子沾取去光水，敲打染漬處。

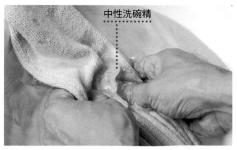

中性洗碗精

4 染漬處抹上中性洗碗精，以溫水搓洗。之後遵照洗標指示（參考P.8至P.9）清洗即可。

範例：T恤（棉）

準備物品
- ☐ 卸妝油
- ☐ 中性洗碗精
- ☐ 棉花棒
- ☐ 去汙刷（或硬毛牙刷）
- ☐ 骨筆（或湯匙）
- ☐ 廚房紙巾（或白毛巾）

 油

睫毛膏 汙漬

➡以卸妝油敲打之後再以骨筆刮除

容易凝固的睫毛膏汙漬，
可以使用卸妝油及中性洗碗精使其軟化，
去除至一定程度，
再以骨筆刮除起即可。

正面

1 T恤正面朝外，將廚房紙巾墊在染漬處下方。

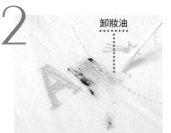

卸妝油

2 以棉花棒沾取卸妝油，去除睫毛膏成分。

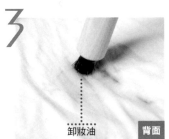

卸妝油　背面

3 將T恤翻至背面，在汙漬下方墊著廚房紙巾。以刷子沾取卸妝油，敲打汙漬處。

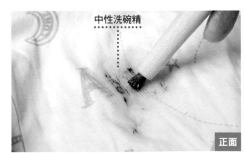

中性洗碗精

正面

4 睫毛膏的油分去除了差不多之後，T恤翻回正面。以清洗乾淨的刷子，沾取中性洗碗精來敲打。

5 使用骨筆刮除睫毛膏的黑色汙漬。在溫水中搓洗後，以洗衣機進行一般清洗即可。

去汙篇

分泌物染漬・髒汙

汗水、皮脂、尿液與血液這類身體分泌物造成的染漬或髒汙，經過一段時間之後會變色且不易去除。雖然可用骨筆進行表面的處理，或採用漂白來清理，但是像白襯衫或內衣這類經常替換的衣物，只要在當天進行以熱毛巾敲打汗漬處之類的保養工作，讓汙垢無法累積，才是最重要的。

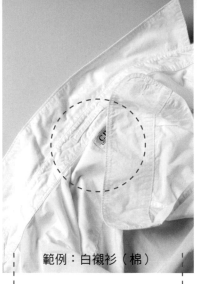

範例：白襯衫（棉）

水 油 不

領口 & 袖口

頑垢
➡ 使用塊狀肥皂及小蘇打
再以骨筆刮乾淨

白襯衫領口和袖口的髒汙，
主要是身體排出的汗水及皮脂，
沾附了空氣中的塵埃或灰塵等
細小粒了而殘留汙漬。
單用水或油都不好清除，
因此要使用刷子或骨筆將其刮除。

準備物品
- ☐ 卸妝油
- ☐ 中性洗碗精
- ☐ 塊狀肥皂
- ☐ 小蘇打
- ☐ 去汙刷（或硬毛牙刷）
- ☐ 骨筆（或湯匙）
- ☐ 白毛巾（或廚房紙巾）

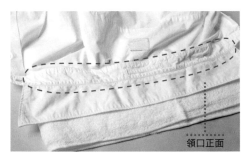

領口正面

1 在領口的髒汙處下方墊著毛巾。

卸妝油

2 以刷子沾取卸妝油刷塗髒汙處，使該處的皮脂汙垢浮起。

中性洗碗精

3 接下來以清洗乾淨的刷子沾取中性洗碗精，塗抹於卸妝油上。

4 在塊狀肥皂上以清洗乾淨的刷子起泡。

小蘇打

小蘇打為白色粉末狀，成分為碳酸氫鈉。由於具研磨及乳化效果，因此可用來輔助清潔劑。也適用於清理油汙。

塊狀肥皂泡

5 在中性洗碗精上刷塗塊狀肥皂泡。

6 在肥皂泡灑上小蘇打。此時汙垢上重疊了卸妝油、中性洗碗精、肥皂泡及小蘇打，共四層。

7 以清洗乾淨的刷子混勻四層清潔用品。

8 以骨筆刮除混合了清潔劑、小蘇打及水分的部分，將纖維深處的髒汙刮出。

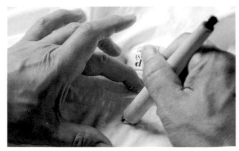

9 若水分不足，便以刷子補充水分。

10 繼續以骨筆仔細刮出汙垢。重複數次步驟4至10。

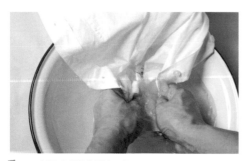

11 以溫水搓洗髒汙處。

12 去除領口髒汙之後,再以相同方式清潔袖口。之後以洗衣機進行一般清洗即可。

達人祕技

別讓汙垢堆積在領口‧袖口

　　為何會有黑色汙垢附著在領口與袖口呢?雖然身體排出的「汗水」和「皮脂」是無色的,但是卻會沾附空氣中的「塵埃」、「灰塵」、「廢氣」等微小粒子。當衣服穿在身上時會摩擦汙垢處,導致更加深入纖維,成為難以清潔的汙垢。

　　這類髒汙直接以洗衣機清洗也無法去除,再次穿上後,又會有新的汙垢附著在原先沒清掉的汙垢上。與先前的髒汙合起來,就疊了兩層汙垢,如此重複下去,汙垢就會累積得非常多層。

　　為了避免這種狀況,不妨在洗衣前多執行一個步驟。

　　首先,襯衫(尤其是白襯衫)最

好每天替換。只穿一次的髒汙還很輕微,只要在髒汙處塗抹「衣領‧袖口去漬清潔劑」(亦可使用普通的液體清潔劑),放置約十分鐘,輕輕搓洗後再放入洗衣機,即可有效潔淨。

　　洗好之後,熨燙前先在衣領與袖口處上漿(助燙劑),汙垢就會沾附在助燙劑上,可以輕鬆去汙。

範例：背心（麻）

準備物品
- [ ] 中性洗碗精
- [ ] 漂白水（作法見P.45）
- [ ] 去汙刷（或硬毛牙刷）
- [ ] 白毛巾（或廚房紙巾）

※手作的特製漂白水較不傷衣
物，非常適合用於麻、絲等
纖細材質。

水

汗漬

➡由於不易去除因此特製漂白劑來處理

汗水造成的汙漬，
通常出現在衣物兩側腋下處，
長時間之後就會轉變為黃色，
並且更加難以去除。
如此一來就只能進行漂白，使顏色變淡。

正面

1 將毛巾墊在汗漬下方。

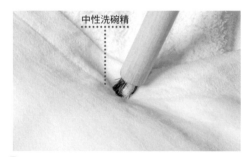

中性洗碗精

2 以刷子沾取中性洗碗精，刷塗汙漬處，使身體排出的皮脂汙垢浮起。

達人祕技

纖細材質請改用去汙棒

　清理絲織品（可水洗款）等纖細材質時，建議使用觸感柔和的去汙棒來代替硬刷。將脫脂棉捲在免洗筷上，以紗布包覆，再以橡皮筋綁起固定即可。

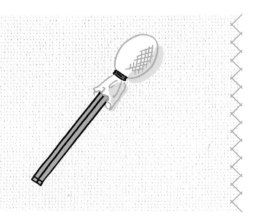

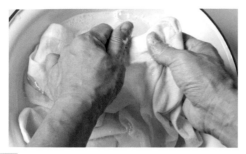

3 以溫水搓洗汙漬處。之後沖洗晾乾。

漂白水

4 待背心完全乾燥後，將漂白水噴在汙漬處。每天噴3至4次，約兩天後看看衣物狀況。當黃色汙漬逐漸變淡至不再繼續變化，再依洗標（參考P.8～P.9）清洗即可。

手工特製漂白水

① 將純水（亦可使用自來水）和雙氧水以1：1的比例裝進噴霧器。再加入兩滴左右的氨水。加入氨水可提高漂白效果。

雙氧水
通常作為受傷時清潔傷處的消毒液。主要成分為過氧化氫，亦可作為漂白劑使用。

純水
經過精煉，未含任何物質的水。使用於清洗隱形眼鏡，醫療儀器或製造化妝品等。

② 搖晃噴霧器混合均勻。漂白水不須事先製作，請在使用前製作，並且盡快用完。

氨水
氨氣的水溶液，又稱阿摩尼亞水，具揮發性及強烈刺鼻氣味。通常用於處理蟲咬等方面的醫療用品，但也具漂白效果。

別讓汗漬深入衣物

　　汗漬在沾染的24小時內清洗就能簡單去除，但若是無法在家裡清洗的高級罩衫或外套內裡，還是必須加以處理。放置不管一定會變成黃色，在內裡形成一個黃色圈圈。

　　衣服穿過之後，可使用熱毛巾（濕毛巾擰乾後，以500W微波爐加熱約1分鐘）拍打可能沾染汗水處，去除汗水成分。毛巾太濕反而可能暈開，因此務必徹底擰乾後使用。這樣就能去除大部分汗漬了。

　　有色絲製品摩擦後可能會變白，這點要多加注意。此外，顏色較深的衣物也盡量不要摩擦。可使用毛巾輕輕拍打，或從表裡兩面同時以毛巾夾住輕壓來去除汗漬。

　　穿過的衣服只要多一道手續，便能防止汗漬。市面上也有販賣防止腋下汗水的丟棄式襯墊，活用這些方便的產品也是方法之一。

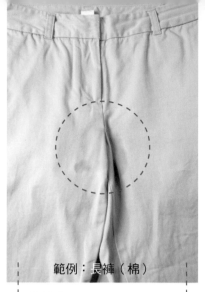

範例：長褲（棉）

準備物品

□ 氧系漂白水
□ 洗衣精
□ 去汙刷（或硬毛牙刷）
□ 白毛巾（或廚房紙巾）

水

尿液 汙漬

➡ 經過一段時間的汙痕就以氧系漂白劑徹底去除

剛沾染上的尿漬只要一般清洗就能去除。
但已經留下黃色汙痕的狀況，
就同時使用氧系漂白水和洗衣精來去除。

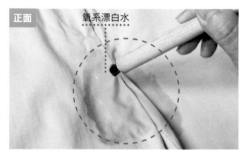

正面　氧系漂白水

1 汙漬處正面朝上，在下方墊著毛巾。以刷子沾取氧系漂白水，敲打汙漬處。

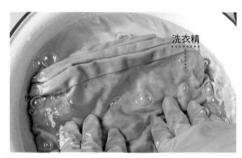

洗衣精

2 戴上手套，使用配合該衣物材質的洗衣精手洗（壓下上提清洗法）。

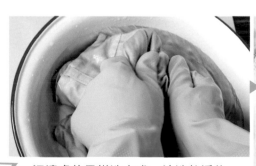

3 汙漬處使用搓洗方式。沖洗乾淨後，擰乾晾曬。乾燥後染漬會漸不明顯。

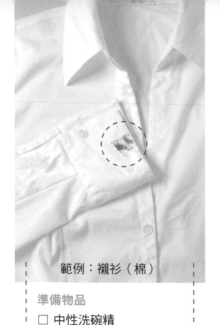

範例：襯衫（棉）

準備物品

- ☐ 中性洗碗精
- ☐ 去汙刷（或硬毛牙刷）
- ☐ 白毛巾（或廚房紙巾）

水

血液 汙漬

➡24小時以內的痕跡 以水和中性洗碗精去除

一般認為衣物沾上血液會非常難洗，
但24小時以內使用中性洗碗精即可去除。
因為血液含蛋白質，
使用熱水反而會凝固。
清洗時請務必使用冷水。

袖口背面

1 在汙漬下方墊著毛巾。

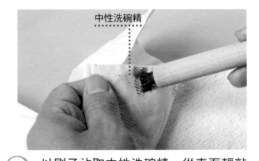

中性洗碗精

2 以刷子沾取中性洗碗精，從表面輕敲染漬處。

※能夠確切掌握沾染處時，直接從背面拍打效果更好。

3 剛剛沾上的汙漬，按在毛巾上即可去除。

4 能夠確認汙漬處時，直接使用沾取中性洗碗精的刷子由背面敲打。

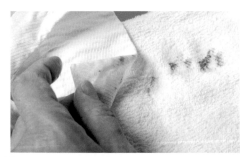

5 移動毛巾的位置，重複以上動作直到汙漬的顏色消失。

6 在水中搓洗汙漬處。

7 血液汙漬去除後，以洗衣機進行一般清洗即可。

※若清洗後仍未完全去除汙漬，再進行漂白。在常溫水中加入氧系漂白水，浸泡約半小時。

達人祕技 **時間已久的血液汙漬**

　　無法判斷陳舊汙漬是否為血液時，可在汙痕處滴一滴雙氧水。起泡則表示染漬為血液。

　　沾染時間已久的血液汙漬，可塗抹稀釋十倍的氨水（參考P.45），以刷子敲打。不斷重複此動作即可使汙漬變淡，但仍然可能無法完全清除。漂白也可能殘留痕跡，請向技術較好的乾洗店商量清潔方式。

泥沙汙漬

在雨中走路時，路上的積水可能會濺到長褲褲腳或裙襬；在室外

運動或玩耍時，也可能沾上泥巴。這些汙漬除了泥土以外，還混

有瀝青柏油等各種成分。泥土本身是不可溶的汙漬，因此祕訣是

要把深入纖維的汙垢刮出來。

範例：帆布鞋

油 不

運動鞋 泥沙汙漬

➡ 先清理表面 再以塊狀肥皂泡與 小蘇打清潔

帆布鞋等運動鞋上沾附的泥汙，
乾燥後會固結硬化。
先以手拍一拍，
再用牙刷等物盡可能清理乾淨，
之後以塊狀肥皂及小蘇打清洗即可。

準備物品
- ☐ 塊狀肥皂
- ☐ 小蘇打
- ☐ 牙刷
- ☐ 去汙刷（或硬毛牙刷）
- ☐ 運動鞋用清潔刷
- ☐ 骨筆（或湯匙）

塊狀肥皂泡

1 以手拍去表面泥砂之後，使用乾燥的牙刷來清理深入纖維的汙垢。接著再以沾水的刷子將塊狀肥皂起泡，塗抹於髒汙處。

2 在泡沫處灑上小蘇打，以清潔刷沾水刷洗髒汙處。

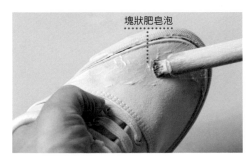

塊狀肥皂泡

3 繼續以刷子將塊狀肥皂起泡，重複刷洗髒汙處。

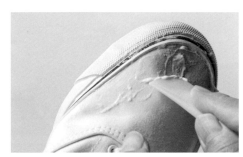

4 使用骨筆將浮出的汙垢刮除，再以運動鞋用清潔刷沾水刷洗，晾乾即可。

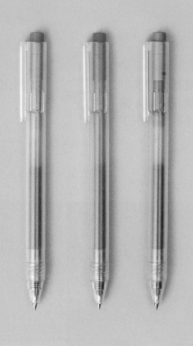

其他汙漬

汙漬並不限於用餐或室外活動時才會沾染到。也有可能是不小心

將筆尖沒收好的原子筆放進胸前口袋,或孩童畫畫時的蠟筆畫過

衣服,沒風乾的襯衫發霉之類,有許多種狀況。因此,遇到這些

問題時的解決方式也一併記下吧!

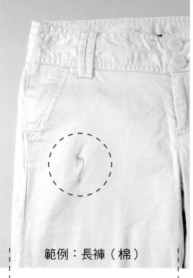

範例：長褲（棉）

準備物品
☐ 卸妝油
☐ 中性洗碗精
☐ 去汙刷（或硬毛牙刷）

油

蠟筆痕跡

➡ 將卸妝油隔水加熱清潔效果更佳

要溶解蠟筆成分，
使用隔水加熱的卸妝油較為容易。
之後再以中性洗碗精搓洗，
就能夠清理乾淨。

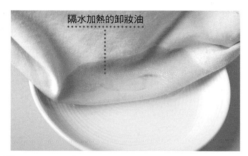

隔水加熱的卸妝油

1 卸妝油隔水加熱到45℃左右，再將汙漬浸泡其中。一會兒蠟筆的成分就會溶解。

2 等到蠟筆成分溶出，就進行搓洗。

中性洗碗精

3 以刷子沾取中性洗碗精，刷塗汙漬處，然後在溫水中搓洗。記得徹底清洗，不要留下卸妝油外圈染漬。

4 之後以洗衣機進行一般清洗即可。

範例：裙子（棉）

準備物品

- □ 卸妝油
- □ 中性洗碗精
- □ 棉花棒
- □ 去汙刷（或硬毛牙刷）
- □ 廚房紙巾（或白色毛巾）

（油）

原子筆汙漬

➡由於是油性汙垢因此以卸妝油去除

近年來推出了色彩繽紛多樣的
彩色原子筆，但是不管什麼顏色，
去除的方法都一樣。
水性原子筆其實也含有油分，
因此同樣必須進行油溶性汙垢的處理。

※膠狀（中性筆）墨水請參考P.59。

1　在汙垢下方墊好廚房紙巾。

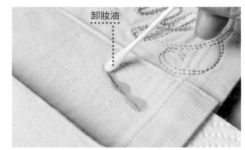

2　以棉花棒沾取卸妝油，塗抹染漬處。

3　以棉花棒去除滲入的原子筆墨水成分。

4　將裙子翻至背面，以刷子沾取卸妝油後，敲打染漬處。

5 重複上一動作直到原子筆顏色不再轉移到廚房紙巾上。

6 以清洗乾淨的刷子沾取中性洗碗精，塗抹於染漬處。

7 置於溫水中搓洗汙漬處。

8 之後以洗衣機進行一般清洗即可。

達人祕技

沾染膠狀（中性筆）墨水時

　　最近很常見的膠狀（中性筆）墨水，其色素主要成分為顏料。

　　顏料是不溶於水也不溶於油的不可溶物質，因此要先以處理原子筆汙漬的方法清理，再以刷子沾取肥皂泡來敲打，最後沖洗乾淨。但是由於顏料是非常細小的顆粒，沾到衣物很容易滲入纖維深處，難以去除。無法清理乾淨的情況不少，因此請盡量小心，不要沾到衣物。

　　另外，部分水性原子筆或印表機墨水也有加入顏料，使用時請多加注意。

範例：罩衫（棉）

油

螢光筆 染漬

➡ 使用卸妝油 與微波爐清潔劑 雙重去汙

準備物品

- ☐ 卸妝油
- ☐ 微波爐清潔劑
- ☐ 去汙刷（或硬毛牙刷）
- ☐ 廚房紙巾（或白色毛巾）

※使用微波爐清潔劑之前，請 務必進行P.16的「掉色檢 測」。

螢光筆墨水很容易滲進纖維深處，且不易清除。
先以卸妝油去除到一定程度，
之後再塗抹去汙力強的
微波爐清潔劑，仔細搓洗。

微波爐清潔劑
去汙力強，可使油分浮起後分解，為家庭用的強力清潔劑。

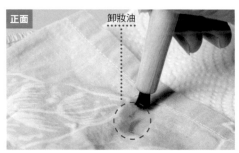

正面 ／ 卸妝油

1 將罩衫翻至背面，在染漬下方墊著廚 房紙巾。以刷子沾取卸妝油後，反覆 敲打汙漬處。

微波爐清潔劑

2 以清洗乾淨的刷子沾取微波爐清潔 劑。

※使用微波爐清潔劑時，請務必保持良好通 風，並戴上橡膠手套。

正面

3 翻回罩衫正面，在汙漬處刷塗微波爐 清潔劑。

4 置於溫水中搓洗汙漬處。之後以洗衣 機進行一般清洗即可。

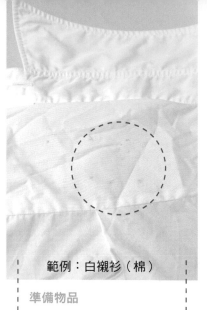

霉斑髒汙

➡使用黴菌專用的氯系漂白水來去除

範例：白襯衫（棉）

準備物品

□ 黴菌專用氯系漂白水
□ 棉花棒
□ 白色毛巾（或廚房紙巾）

※製造過程中使用螢光劑的衣物，即使原本是白色，以漂白水洗後也可能變為黃色，因此使用前請在不明顯處進行測試較為安心。

與染漬不同的黑色霉斑，
要使用黴菌專用的氯系漂白水才能清理。
同時也可能會造成花色褪落，
因此這方法只限棉麻或聚酯的
白色衣物使用。

※黴菌是生物，所以不在水溶性、油溶性或不可溶的分類中。

黴菌專用
氯系漂白水

用於去除浴室霉斑之類的黴菌專用氯系漂白水。

※使用時請務必戴上橡膠手套與口罩，並維持良好通風。並且絕對不可以和其他清潔劑混用。。

正面

1 戴上橡膠手套，將汙垢正面朝外，在汙垢下方墊著毛巾。以棉花棒確認霉斑位置。

氯系漂白水

2 以棉花棒沾取氯系漂白水，塗抹於霉斑處。靜置十分鐘左右，觀察霉斑的狀況。注意維持良好通風。

3 待霉斑去除的差不多，就以溫水沖洗氯系漂白水。之後以洗衣機進行一般清洗即可。

※範圍很大時，委託技術良好的乾洗店較為妥當。

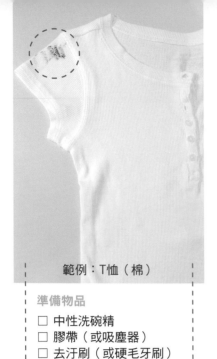

範例：T恤（棉）

準備物品

- ☐ 中性洗碗精
- ☐ 膠帶（或吸塵器）
- ☐ 去汙刷（或硬毛牙刷）

水

花粉 汙漬

➡首先以膠帶或吸塵器清理至一定程度

百合花之類的花粉若沾染衣物，
會很難去除。
不小心碰到花粉時，
先避免讓表面顆粒飛散，
再以中性洗碗精進行處理。

1 先以膠帶黏起花粉。不要按壓，輕輕覆上將花粉沾起即可。

正面　　中性洗碗精

2 以刷子沾取中性洗碗精，敲打汙漬正面。

3 置於溫水搓洗汙漬處。

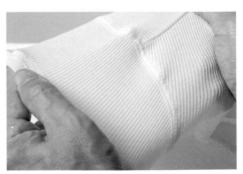

4 之後以洗衣機進行一般清洗即可。

CHAPTER 3

縫 補 篇

心愛的衣物若綻了個口或不小心擦破，
在「已經不能穿了」、「處理掉吧」打算放棄之前，先試著自行縫補吧！
只要有針線，幾乎都能重新修補完好。
雖然每天都很忙碌，但偶爾也可以坐下來，
好好面對自己重視的衣物吧！

備而有用的方便工具

雖然想縫個釦子或補上破洞，
但要是手邊沒有能夠即時使用的工具，就會放著不想處理了。
因此請先作好最低限度的準備，採購好基本縫補工具吧！

※除此之外也請準備剪刀與量尺。

25號繡線

除了刺繡以外，也能用於接縫釦子的堅固絲線。可以配合布料使用雙線、三線或四線，依據用途抽取使用。

手縫線

用途廣泛的棉質手縫線。除了基本的黑白兩色以外，配合擁有的衣服顏色，事先準備好會更方便。

布用黏著劑

可立即修補撕裂或破損處。此外，若擔心縫補之後會裂開，也可用於加強。購買時請確認是否可以洗滌。

極細毛線

修補羊毛服飾時，請使用極細毛線。不但符合布料材質，縫補時也會較順手。

鈕釦縫線

市售的鈕釦專用縫線,非常
堅韌且牢固。也有如圖片般
顏色多樣的套組。

熨斗・燙馬

作出摺痕或燙貼補修布料
時,不可或缺的工具。

縫針・珠針

縫衣針只要能夠穿過手縫
線、繡線、極細毛線等使用
的縫線即可。珠針也是挑自
己喜歡的就好。

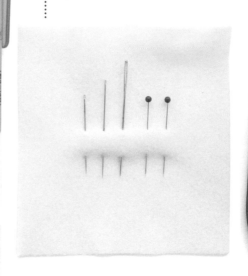

拆線器

方便拆開裙子或褲
腳等縫線的工具。

錐子

在布料上打洞或抽取繡線時
非常方便。

記號筆

在布料上作記號時使用。可選
擇附橡皮擦或過一段時間後會
自然消失的款式(消失筆)。

縫補前置工作

本書介紹的縫補方法，都是可以手縫完成的。
請先熟記縫補作業的基本知識，例如取縫線長度的方式、打結方式等，
這些縫鈕釦的前置工作。

縫線大致長度

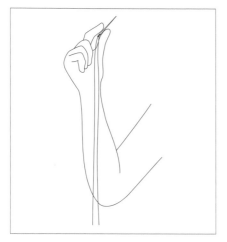

縫線長度大約是到自己的手肘下方再多一點。太長不好作業，線也容易纏在一起。

取用雙線時，讓兩邊一樣長。使用單線時，長邊到手肘下，短邊則是約一半長度。

打結方式

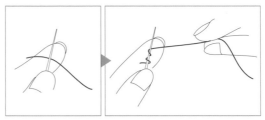

① 將縫針置於線頭數mm處，將線捲在針上兩三圈。

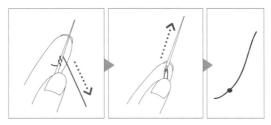

② 輕拉線段收緊，以大拇指按著捲起的線，將縫針往上抽拉。捲線部分就會在線頭打好結。

準備接縫鈕釦

① 縫針穿線，線頭打結。此處使用雙線。

② 無法確定縫製鈕釦的位置時，可先確認接縫點，以消失筆作出記號。

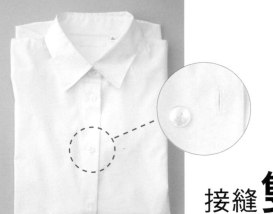

範例：襯衫

準備物品

□縫衣針　　□線
□記號筆
□牙籤　　　□剪刀

※為了讓圖片更清晰易懂，刻意改用顏色明顯的縫線進行示範。

接縫 雙孔鈕釦

你是否也像大多數的人一樣，
憑著感覺隨意縫鈕釦呢？
薄襯衫或罩衫常用的雙孔鈕釦，
要配合施力的方向稍微留一點間隙，
以橫向穿線的方式接縫鈕釦。

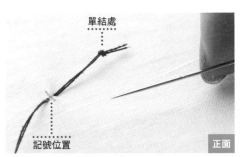

1 在接縫鈕釦位置（以消失筆作記號處）的中央挑一針（2～3mm）。

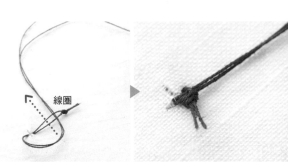

2 縫針穿過線圈中拉緊。如此一來，單結處就能牢牢固定。

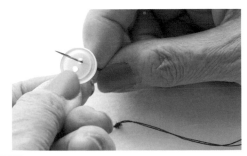

3 縫針從下方穿入鈕釦孔（右側）。

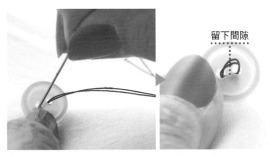

4 縫針從上方穿過旁邊的孔（左側），並且直接穿過布料。線不要拉到底，要留下大約等同布料厚度的間隙。此間隙是為了方便扣上釦子。

接下頁 ▶

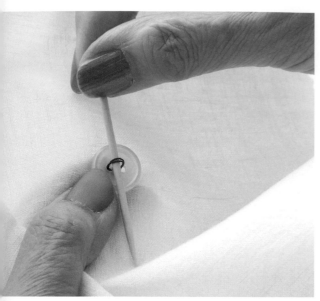

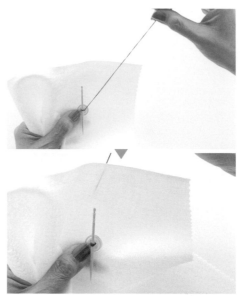

5 將牙籤夾入縫線間隙,這樣接縫時,
能夠很方便的維持放寬用的間隙。
※熟練之後可以省略牙籤這步驟。

6 縫針再次從下方穿入最初的孔,拉線
收緊,接下來穿過旁邊的孔及布料。
若想縫的穩固點,可以再穿一次。之
後抽掉牙籤。

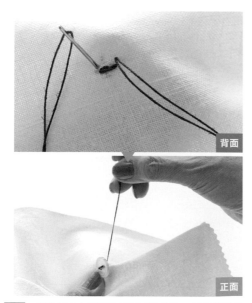

背面

正面

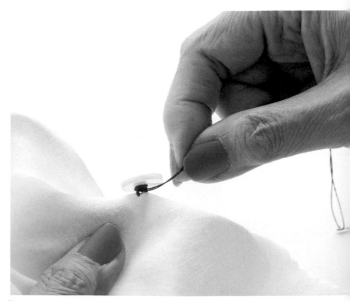

7 縫針再次從背面穿至正面,但不要穿
過釦子的孔,而是從旁邊穿出。

8 在釦子縫線上繞線2至3圈。

9

縫線如圖繞個大圈，穿針後收緊縫線。

10

縫針從釦子下方的縫線旁穿至背面，拉線收緊。

11

縫針貼緊出針處，在針上繞線幾圈後，以手指按著線再將針抽起，打止縫結。此時先別剪線。

背面

12

結

縫針穿入背面的縫線下方，拉線收緊。

背面

13

緊貼布面將線剪斷。

背面

14

完成。

接縫 **四孔鈕釦**

四孔鈕釦一般廣泛使用於襯衫及外套。
縫法與雙孔鈕釦相同，以橫向穿線的方式作出「二」字般的接縫。

1 參考P.66「縫補前置工作」準備針線。在接縫鈕釦的位置中央挑一針，再讓縫針穿入線圈（參考P.67步驟1・2），縫針從釦洞A背面入針，拉線。

2 縫針從正面穿入左邊B孔與布料，接下來縫針從背面穿入C孔，拉線收緊。

3 縫針繼續從正面穿入旁邊的D孔，從背後抽出。此時同樣要預留間隙。將牙籤夾入縫線間隙，接縫時便能夠維持放寬用的間隙。

※熟練之後可以省略牙籤這步驟。

4 縫針從背面穿入A孔。重複步驟2至3，在鈕釦孔之間來回縫1、2次。將牙籤抽出，縫針從鈕釦旁穿至正面。

5 在釦子縫線上繞線2至3圈，依P.69步驟9至13的相同方式收線，完成！

達人祕技

以「x」字接縫鈕釦的方法

只要改變縫針穿入鈕釦孔的順序，縫線就能呈現「x」字型。將縫線以對角線的方式依序穿過A、B、C、D，然後再穿一次。配合鈕釦的顏色來選擇縫線也非常有趣。

背面加上補強用鈕釦

的縫法

外套等較厚重的衣物，為了加強鈕釦的支撐力，
會同時在正面與背面縫上鈕釦。
對齊正反兩面的鈕釦孔，同時穿針。

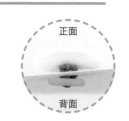

正面

背面

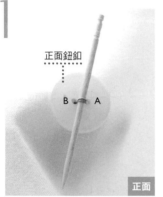

1

正面鈕釦

B　A

正面

依照接縫雙孔鈕釦的方式
（參考P.66～P.67步驟2）
準備縫線。接著縫針從正面
鈕釦的A孔背面入針，穿入
B孔之後，直接穿入背面鈕
釦的鈕釦孔再拉線。拉線之
前在正面鈕釦夾入牙籤，確
保放寬用的間隙。

2

背面鈕釦

背面

縫針從背面鈕釦孔穿出後，
直接穿入旁邊的鈕釦孔，再
穿回正面鈕釦的A孔。

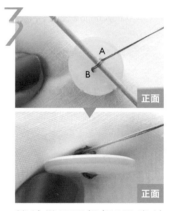

3

A

B

正面

背面

正面

縫針從正面鈕釦A孔出針
後，穿入B孔與背面鈕釦。
再將步驟2開始的動作重複
1至2次，抽出牙籤。接著縫
針穿入背面鈕釦的另一個
孔，從正面鈕釦的縫線旁穿
出，在釦子縫線上繞線2至3
圈。

4

背面

縫針從正面鈕釦的縫線旁穿
至背面，在背面鈕釦的縫線
旁抽出。

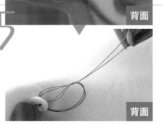

5

背面

如圖示連同背面鈕釦一同圈
起，縫針穿入大線圈後，拉
線收緊。

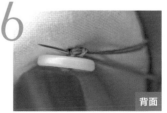

6

背面

縫針穿過背面鈕釦的縫線，
拉線收緊。沿縫線邊緣剪斷
即完成。不需另外打結。

7

正反兩面的鈕釦皆縫合2至3次，就能
完成非常牢固的接縫。

正面　背面

接縫 附釦腳的鈕釦

鈕釦背面有一個立體小圓孔釦腳的釦子，稱為香菇釦。
雖然無法平放，會滾來滾去不太穩定，
但縫線只要穿入釦腳縫個三四圈，就能牢牢接縫。

1

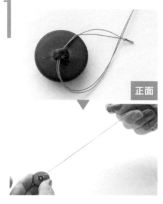

正面

雙線尾端打好單結（參考P.66），縫針穿過釦腳圓孔，再穿入線圈拉緊。這樣一來，縫線和釦子就會連起固定，比較好縫。

2

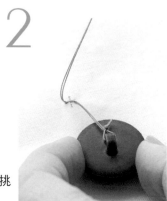

在接縫鈕釦的正面中央處挑一針，針距約數mm。

3

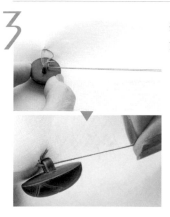

縫針穿入釦腳，拉線收緊，釦子就會緊靠在布料上。

4

縫針沿釦腳邊緣穿至背面，再穿回正面與釦腳圓孔。若想縫得牢固，就重複此動作一次。

5

在釦腳縫線上繞線2圈左右，縫針穿至背面。

6

在背面打單結，穿入背面縫線收尾，緊貼布料剪線。
※最後的收線方式請參考P.69。

縫補衣襬①

→貼上修補貼布即可

範例：長褲

準備物品
- □ 修補貼布
- □ 剪刀　□ 熨斗
- □ 防燙墊布

※為了讓圖片更清晰易懂，刻意改用顏色明顯的貼布進行示範。

修補貼布顏色豐富，
可配合布料顏色來選配。

這是使用熱黏著性質的修補貼布，
來收拾脫線衣襬的方式。
在縫份處放上貼布，
接著只要熨燙即可。
即使是不習慣裁縫的人也能簡單進行修補。

1 剪取一段比褲腳圍長2至3cm的修補貼布，浸水沾濕後稍微擰乾。

背面

2 將褲腳摺三摺，包住綻線處，再放上修補貼布。

稍微用力施壓
熨燙約30秒

3 隔著防燙墊布稍微用力施壓，以熨斗（攝氏140～160℃中溫）燙30秒左右。待到冷卻之後再移動位置，直到整條膠帶燙完。

4 膠帶頭尾接合，重疊2至3cm。燙完一整圈即完成。不只可以用於鬆脫處，亦可局部使用。但是，加熱溶解的貼布膠只要沾到布料上就無法撕除，要注意這點。

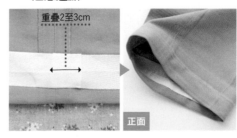

重疊2至3cm

正面

範例：裙子

縫補衣襬②

➡ 使用正面不顯眼的千鳥縫來固定

準備物品
- □ 縫衣針
- □ 縫線
- □ 剪刀

※為了讓圖片更清晰易懂，刻意改用顏色明顯的縫線進行示範。

一旦發現綻線處，當下就要處理線頭，
在未鬆脫處打結固定，
以免綻線範圍繼續擴大。
千鳥縫這種針法，從正面看不出痕跡，
也很推薦使用於較薄的布料。

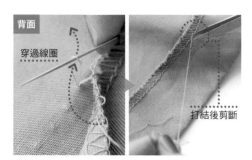

背面
穿過線圈
打結後剪斷

1 首先處理綻開的線頭。將線頭穿過未鬆脫處的線圈，拉緊確認狀況穩定後，貼緊布面打結（參考P.66）再剪斷。另一端也以相同方式處理。

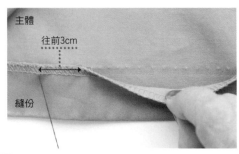

主體
往前3cm
縫份

2 由綻線處往前約3cm，開始繡縫千鳥縫。打好單結的縫針從縫份內側穿出，由左往右縫。

主體
挑起
1至2條
布料織線
縫份

A

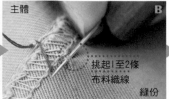

主體
挑起1至2條
布料織線
縫份

B

主體
縫份

C

3 縫針在右上3至5mm處，由右往左挑起1至2條布料織線（A）。出針後，在右下縫份處，由右往左挑起1至2條布料織線（B）。出針後繼續在右上3至
5mm處，由右往左挑起1至2條布料織線（C），拉線。重複進行繡縫（參考P.75千鳥縫圖解）。

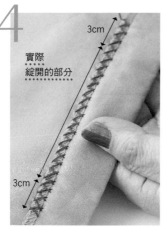

4　與起縫處相同，收尾處也要多縫3cm。

5　縫補完畢之後打結。縫線由內側穿出縫份，貼著布面剪斷。

6　完成。若使用與衣物布料相同顏色的縫線，就幾乎看不見縫線。

達人祕技

以熨斗加熱黏合的布用雙面膠取代珠針

　　將布用雙面膠貼在縫份背面，撕下離型紙後熨燙，即可暫時固定衣襬。需要縫合整個裙襬等長度較長的情況時，不需要珠針也能輕鬆縫合。但絲綢、蕾絲、輕薄布料、白色布料等材質，會透光看見雙面膠因此不太適合。此外，黏著力會因材質不同而異，可在布邊試過再行使用。

千鳥縫

※由左向右縫合。

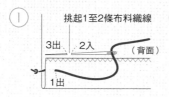

① 挑起1至2條布料織線

3出　2入　（背面）

1出

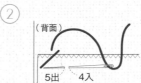

② （背面）

5出　4入

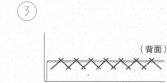

③ （背面）

範例：襪子

準備物品

☐ 縫衣針
☐ 縫線　☐ 剪刀
☐ 寶特瓶
☐ 橡皮筋

※為了讓圖片更清晰易懂，刻意改用顏色明顯的縫線進行示範。

襪子的小洞
➡ 使用平針縫 & 半回針縫 進行縫合與補強

材質較薄的襪子破了小洞，
只要使用縫線即可修補。
由於洞口周圍較為脆弱，
因此重點是，
順著破損處繞圓圈的半回針縫。

1

將寶特瓶（或表面堅硬圓滑的物品）放進襪子或內搭褲中，使洞口清晰可見後，以橡皮筋固定襪子的腳踝處。

由洞口外側約2mm處開始縫

2

沿洞口周邊密密繡縫（平針縫）。襪子的單結處會卡卡的，因此始縫處的線頭要預留幾mm，並且在同一處回針縫兩次（不前進，在相同地方入針）。

※此處使用的縫線是四線繡線，較薄質料可用雙線，羊毛則用極細毛線。

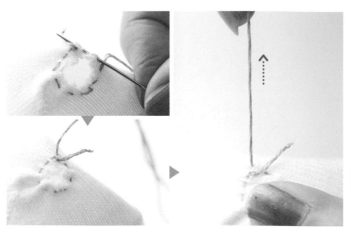

3

沿洞口縫一圈之後，輕輕拉線縮口。拉得太緊會造成開孔部分擠成一團，請注意。

4

在平針縫的圓圈中，順時鐘進行放射狀的繡縫。首先將縫針穿入洞中，從對角線的平針縫線外側出針（A）。接下來縫針再次穿入洞中，從稍微偏右處出針（B）。縫針繼續穿入洞中，再往右側出針。如此重複一圈填補洞口（C）。

5

洞口幾乎補滿後，在平針縫外側2mm處進行一圈半回針縫（參考下圖）作為補強。止縫處回縫半針後，剪斷始縫和止縫處的線頭即完成。

止縫處的線頭

始縫處的線頭

半回針縫

半回針縫是前進一針，之後回縫半針的針法。縫紉具伸縮性的布料時，請使用此針法。

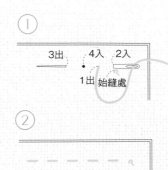

① 3出　4入　2入

1出　始縫處

②

範例：床單

準備物品

☐ 縫衣針
☐ 縫線　☐ 修補布料
☐ 布用黏著劑
☐ 剪刀

※為了讓圖片更清晰易懂，刻
　意改用顏色明顯的縫線與修
　補布料示範。

L形裂縫或
較大破洞

➡ 使用布用黏著劑
與修補布料進行修復

開洞過大變成L形或大型撕裂時，
先以布用黏著劑阻止破洞繼續綻開，
再使用能夠補滿破洞大小的修補布料
進行縫補。

正面

1　將洞口周圍綻開的纖維修剪整齊。

背面

2　翻至背面，沿洞口周圍（約外側5mm）
　　處點塗布用黏著劑。

背面

3　裁剪一塊能夠完整遮蓋洞口大小的布
　　料，將四角剪成圓形（避免綻開）。
　　以手輕壓，使其暫時固定。

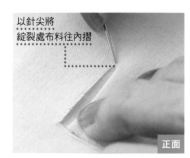

以針尖將
綻裂處布料往內摺

正面

4　翻回正面，使用針尖將洞口
　　周圍布料往內摺2至3mm。

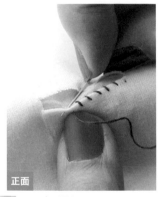

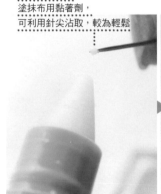

若要在狹窄處
塗抹布用黏著劑，
可利用針尖沾取，較為輕鬆

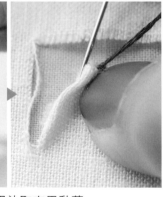

5 摺起部分以細密的斜針縫（下圖）縫合。

6 不好縫的轉角，可利用沾取布用黏著劑的針尖與指甲，邊摺邊縫。

7 彎曲處也同樣一邊沾上布用黏著劑，一邊捲摺布料縫補。沿洞口周圍縫完之後，將縫針穿至背面。

背面

8 翻至背面，回縫兩針後貼著布料剪斷線頭。

9 將修補布料內摺2至3mm，同樣以斜針縫固定。

斜針縫

由摺山內側入針，再往自己的方向出針。通常是往左3至4mm處，挑表布織線1至2條，再將縫針往自己方向出針。繼續進行下去，縫線會形成斜線的模樣。

※此處說明範例為三摺縫的情況，但是布邊不內摺的作法也完全相同。

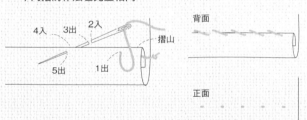

正面　背面

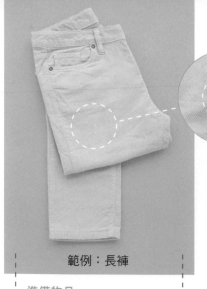

範例：長褲

準備物品

- □ 修補布料
- □ 布用黏著劑
- □ 錐子
- □ 熨斗
- □ 熨燙墊布

布面裂痕

➡以布用黏著劑 貼上修補布料進行修補

布料沿著纖維方向裂開時，
可使用布用黏著劑
在背面貼上顏色相近的布料，
破裂處就會變得不顯眼。
此處示範修補的是燈芯絨長褲。

正面

破裂處

1 破裂處有綻開的纖維時，先從表面進行熨燙整理。

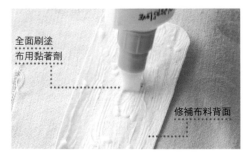

全面刷塗
布用黏著劑

修補布料背面

2 裁剪能完整覆蓋裂痕的修補布料，刷塗布用黏著劑。將長褲翻至背面。

※修補布料要選擇近似的顏色。並且將四角剪圓，就不容易綻開。

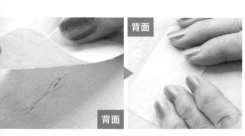

背面

背面

3 將步驟2貼在裂痕背面，以手施壓貼合。

錐子

4 將長褲翻回正面，以錐子整理綻開的纖維線頭，使其與黏著劑貼合。

※若沒有錐子，亦可使用牙籤。

5

隔著熨燙墊布整燙即完成。

正面

範例：牛仔褲

表面摩擦痕跡

→以熨斗燙黏補修貼布 再以平針縫補強

長褲等表面的摩擦痕跡，
最好在真正破裂之前進行處理。
可在背面貼上熱黏著型的補修貼布來補強。
視摩擦嚴重程度，
還可再加上平針縫來增強堅韌度。

準備物品

☐ 縫衣針　☐ 縫線
☐ 補修貼布（熱黏著型）
☐ 剪刀　☐ 熨斗
☐ 熨燙墊布

補修貼布（熱黏著型）有
著十分多樣的顏色。由於
用法簡單，準備一組在手
邊會很方便。

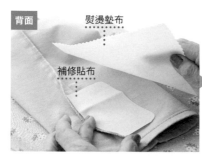

熨燙墊布

補修貼布

背面

1 裁剪一塊能夠完整覆蓋摩擦範圍的補修貼布，將四角修剪成圓角，放在擦痕的背面，隔著熨燙墊布以熨斗

（攝氏140～160℃中溫）熨燙約15秒。接著靜置直到完全冷卻，並且確認是否完全密合。

背面

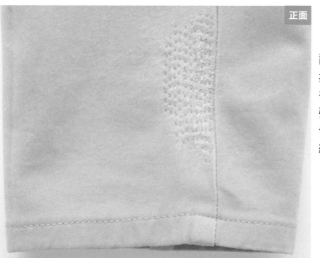

正面

2 翻回正面，再以平針縫（擦痕範圍內相距1至2mm寬，平行縫紉數條），或車縫補強，就會更加牢固。若是具伸縮性的布料，就使用回針縫（參考P.77）。

範例：長褲

綻開的
口袋袋口

➡以段染繡線進行
完成美麗的繡縫袋口

準備物品

☐ 縫針
☐ 段染繡線
☐ 剪刀　☐ 錐子

段染繡線是一條線上染了
許多種顏色，成品會呈現
漸層色彩。即使是針法簡
單，繡縫也會變得非常別
致。此處使用四線進行。

由於雙手拿取物品經常摩擦，
因此長褲之類的口袋袋口總是容易綻線，
這是以繡線繡縫的補強方法。
使用段染繡線還能享受美妙顏色變化的樂趣。

1

質料較好的亞麻等素材，縫
針不太容易穿針，這樣的布
料可先用錐子開洞，即可輕
鬆穿針縫紉。縫針可以輕鬆
穿過的材質，直接縫製即
可。

錐子

2

線頭處打結（參考P.66）之
後，從口袋內側入針，從正
面出針。

正面

3 以毛毯繡（參考下圖）開始包裹布邊。在正面出針後，緊貼著起點左邊，由正面朝背面入針，這時將繡線繞至針的另一邊（A）。拉針收線（B）。接下來

同樣緊貼左邊入針，在針上繞線（C）後拉針收線。重複以上動作。

4 繡縫至最後一針時，縫針穿至背面打結。讓針穿過附近的線圈之後，再沿著布面剪斷。

背面

5 另一邊的袋口也以相同針法處理，完成。

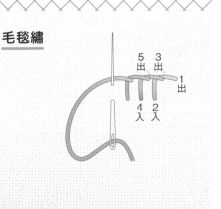

毛毯繡

範例：羊毛衫

羊毛衫的孔洞

➡以羊毛作成
貼布繡風格的修補

毛衣破洞時，
就用羊毛作成貼布繡風格的裝飾，
完成繽紛的修補吧！
雖然需要添購羊毛與專用工具，
但除了補洞以外，也可以運用創意及美感，
讓衣服給人煥然一新的印象。

準備物品

☐ 喜愛顏色的羊毛
☐ 羊毛氈戳針（五針型）
☐ 羊毛氈工作墊

圖片由上至下分別是羊毛氈工作墊（高密度海綿）、羊毛、羊毛氈戳針。只要使用專用戳針重複戳刺羊毛，其纖維便會糾結而氈化，同時亦能附著於毛衣或布料上。

1 抽出少量羊毛，如圖整理成圓片狀。

3 將羊毛片置於洞上，以羊毛氈戳針垂直戳刺數次。小心不要刺到手。

2 將羊毛氈工作墊置於想補上羊毛（破洞處）的下方。

4 在整片羊毛上平均戳刺，使其氈化與
毛衣纖維牢牢結合。

5 以手輕壓撫平，使羊毛平順
柔和的貼附在衣服上。

背面

6 破洞已被羊毛補起。

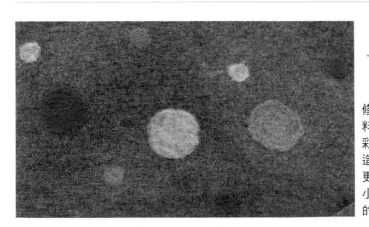

7

修補用的羊毛若是與衣服毛
料顏色不同，再搭配其他色
彩，就會成為別具特色的新
造型。改變圓形的大小也會
更有變化。若使用同色且較
小的圓形，就可以融入原本
的衣料。

範例：毛衣

準備物品

☐ 縫衣針　☐ 極細毛線
☐ 熨斗　　☐ 剪刀

※為了讓圖片更清晰易懂，刻意改用顏色明顯的縫線進行示範。

毛衣綻線處的縫補

➡以極細毛線進行捲針縫收邊

以拼接方式縫合的毛衣，穿久了之後，
縫合處多少會因為磨損而斷線綻開，
造成破洞。
這時請勿以普通縫線，
而要使用相同材質的毛線進行縫合。

1

綻線處對齊，從正面以熨斗輕輕整燙形狀。

正面

2

剪取適當長度的極細毛線，對摺。從對摺處穿入針孔。線頭不需要打結。

3

將毛衣翻至背面，從距離綻線處1cm之前的地方入針，縫針穿入對摺處形成的線圈後，拉緊固定。

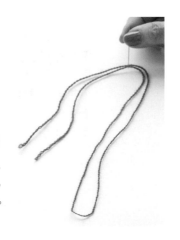

背面

綻線處

1cm

達人祕技　**針織衫的縫補範圍**

縫補時不止是縫綻裂處，要連同兩側約1cm的範圍都以捲針縫縫合。

※捲針縫針法請參考下一頁。

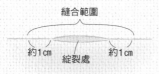

縫合範圍

約1cm　　約1cm
綻裂處

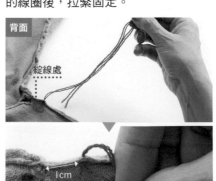

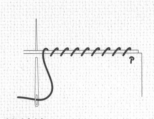

捲針縫

將兩片布料邊緣貼齊縫合的方法。縫針要垂直穿入縫合的布料中。

4 以捲針縫（如右圖）縫至綻裂處之後1 cm為止。

5 縫完之後再往回縫約兩次。

正面

6 縫針穿入針目的縫線線圈，再貼著布料剪斷。翻回正面，幾乎看不出經過縫補。

小小破洞時

1

約1cm

小洞

背面

毛衣翻至背面，縫針從小洞上方約1cm處入針。

※同P.86步驟2·3的方式穿入毛線，縫針穿過對摺線圈，拉緊後開始縫。

2

縫合的深度，要比破洞處稍深一些。

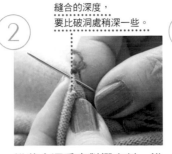

沿著小洞垂直對摺布料，沿著對摺處邊緣仔細進行捲針縫。縫合至小洞後方1cm處。

3

縫針穿入針目縫線，貼著布料剪斷。

正面

範例：兒童服

大片髒汙
➡直接在上面進行貼布繡裝飾

準備物品

- ☐ 縫衣針　☐ 縫線
- ☐ 印花布
- ☐ 布用熱接著膠襯
  （雙面膠）
- ☐ 剪刀　☐ 熨斗
- ☐ 熨斗墊布

無法去除的髒汙可以利用貼布繡來隱藏。
若是孩童的服裝，
就可以享受玩心作各樣的嘗試。
此處是剪下布料上的圖案，
以熱接著的布用雙面膠貼合，
再於周圍稍加刺繡便完成。

1

離型紙面朝上

熱接著膠襯

貼布繡圖案背面

剪下印花布上可覆蓋髒汙處大小的圖案，大略剪下即可。配合貼布繡形狀剪下熱

接著膠襯，疊於背面後以熨斗（攝氏140〜160℃中溫）熨燙約2至3秒使其黏合。

2

修剪成圓滑輪廓

與熱接著膠襯黏合的貼布繡，這時才修剪多餘部分。只要不留尖角就不容易脫線。

3

熨燙墊布

撕掉熱接著膠襯的離型紙，將貼布繡置於長褲髒汙處，蓋上熨燙墊布之後，以熨斗燙貼。

4

沿貼布繡圖案繡縫十字繡（參考右圖）。不僅是為了添加設計感，也是一種補強。

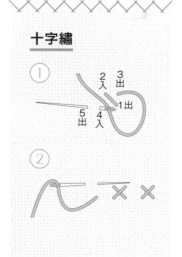

十字繡

①
2入　3出
1出
5出　4入

②
× ×

CHAPTER 4

收 納 方 式 篇

特地洗得乾乾淨淨的衣物，

只要能夠適當收納，就不會產生皺褶也不容易變形。

錯誤的收藏方式可能會造成心愛的衣物發霉或蟲蛀，因此要多加小心。

為了避免需要穿著時才慌慌張張處理，一起來學習收納的訣竅吧！

不傷衣物的
日常收納方式

依據是否容易變形
或彈性素材
決定**吊掛**或**摺疊**

　　衣物收納方式大致分為「吊掛」或「摺疊」兩種。以材質來說，棉麻等產生皺褶就不易去除的需要吊掛；聚酯類不易產生皺摺，即使皺了也只要用熨斗蒸氣噴一下就會平整，這類化纖就適合摺疊。外套與夾克類基本上要吊掛，但必須使用有寬度的衣架以免變形。毛料容易垂墜拉長，所以基本上是摺疊收納。毛料洋裝等較長衣物，可以摺得較大而寬鬆，並且在容易產生摺痕的地方夾入一張紙預防摺痕。毛衣、針織衫等可約略在肩線及一半處對摺。收納時請避免疊太多件或塞太滿。

換下的衣物先吊掛一陣子
除去濕氣及氣味

　　穿了一整天的衣物，會吸附濕氣及氣味等。若暫時不需洗滌，換下之後也不要立刻收進衣櫥裡，只要先在房間裡掛一下，就能去除輕微濕氣及氣味。沾附香菸或烤肉等較強的氣味時，掛在充滿濕氣的浴室一整晚即可有效散去味道。濕氣不但會吸附氣味，也能去除皺褶。第二天再掛在通風良好處晾乾即可。

外套應立刻
以衣物刷除去灰塵

夾克或外套之類不需頻繁送洗的衣物，日常保養便非常重要。無論是外觀上還是舒適感都會有所不同。請養成穿過之後就使用衣物刷整理的習慣，以便去除深入纖維之間的塵埃。這樣不但可以整理纖維方向，也能避免被磨亮或起毛球的情況。整件刷完之後不要忘記還有衣領內側。在通風處稍微吊掛一段時間，再收進衣櫃裡。

剛燙好的衣服
先晾乾吧

白襯衫或罩衫以熨斗燙得漂漂亮亮，讓人看了都覺得開心。但是馬上收進衣櫃裡或摺起來就NG了。剛燙完的衣服還殘留著熱氣與濕氣，是非常容易起皺褶的狀態。一旦收起就會白白浪費好不容易燙平的氣力。請先以衣架掛在通風處一段時間吧！

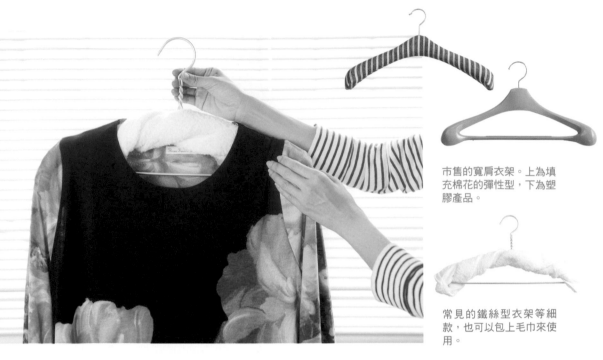

市售的寬肩衣架。上為填充棉花的彈性型，下為塑膠產品。

常見的鐵絲型衣架等細款，也可以包上毛巾來使用。

肩部容易變形的衣物

使用寬肩衣架
或捲上毛巾的衣架

布料容易延展的衣物使用細衣架吊掛，會因服裝本身重量往下拉扯，造成肩部凸出的衣架痕跡。要防止這種狀況，可以選擇肩膀處較寬的寬肩衣架。只有細衣架時，也可以捲上毛巾代替。只要沿著衣架肩線，從邊緣捲上毛巾就能夠確實增加厚度，衣物也不容易滑落變形，非常方便。

薄罩衫

夾張A4紙
便能漂亮摺疊

質料光滑的薄罩衫即使摺起來也很容易變形，甚至會在抽屜中變得歪七扭八。其實只要在摺疊時夾入一張A4紙，就能夠摺得很漂亮，也能整齊地收在抽屜裡。將衣物翻面，紙張如圖放置，左右摺起之後，再將下半部也往上摺就完成了。使用這個方法摺疊所有衣服，大小都會相同，抽屜裡就會非常整齊。

使用A4紙張輔助，薄罩衫也能摺得非常整齊。

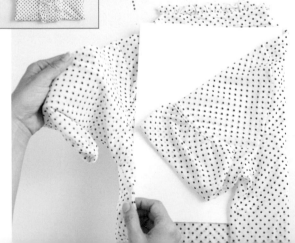

塞滿的**衣櫃**
會成為黴菌溫床

只要結合溫度、營養、濕度三項條件，任何地方都可能發霉。要是該環境維持著穩定狀態，就更加容易擴大生長。緊閉的衣櫃較無環境變化，空氣不流通，塵埃多，加上衣物帶有的濕氣，對黴菌而言可說是最好的生長場所。若將衣物塞得滿滿，濕氣會更加凝結，也容易累積灰塵、塵埃，也就更容易發霉了。因此平常就要留心，盡量讓衣物之間留有空隙，寬鬆的收納。經常開關衣櫥門，不要放進帶有濕氣的衣物也非常重要。趁著換季之時將所有衣物清空拿出，以電扇吹一吹空衣櫃去除濕氣，也可預防發霉。

將衣櫃清空，以電扇吹去濕氣，可預防發霉。

毛球不可硬拉
剪掉即可

毛衣等衣物上的毛球，是摩擦而豎起的纖維打結造成的。放著不管會非常顯眼，因為太過在意就很容易直接硬拉扯掉，結果殘留下來的斷裂纖維又形成了新的毛球。只要將剪刀橫放，貼著布料從毛球底部剪掉就能乾淨取下，對布料的損害也可降至最小。要是出現了一大片毛球，使用市售的去毛球專用刷便能輕鬆解決。

◀可以去除毛球的方便專用刷。

長期收藏方式

衣物換季 請在溼度較低的晴朗日子進行

　　初夏或初秋進行衣物換季時，要注意當天的天候。選擇天氣晴朗濕度較低的日子，就不會讓取出的衣物及收起的衣物吸取濕氣，順利換季，同時也能保持收納衣櫃、櫥櫃、衣物箱及抽屜等乾燥。為了避免發霉以及蟲蛀，換季請於晴天時進行。此外，這時也是更新防蟲劑的時機。同時使用不同種類的防蟲劑，反而可能造成化學反應引發變色，因此同一處的防蟲劑請使用相同種類的產品。

穿過一次的衣服就必須清洗再收藏

　　「只穿了一次並沒有弄髒」，於是就將衣物收進箱子或衣櫥深處收藏，這是絕對禁止的。即使整個季節只穿了一次，衣物看起來似乎很乾淨，其實仍然附著了汗水、皮脂以及塵埃等。若是直接長時間收納，可能造成變黃、蟲蛀與發霉。可以在家中洗滌或拿去送洗，請務必清洗乾淨後再收藏。

務必拆除
洗衣店的塑膠袋
更換為專用套

您是否曾將送洗回來的衣服,直接套著店裡的塑膠袋就收進衣櫥裡?店家的塑膠袋是為了讓衣物在運送過程維持整潔的簡易物品,並不適用於長期收藏。而且袋中可能積藏著濕氣,或尚未乾燥的乾洗藥品,因此到家之後要立刻拿掉店家的塑膠袋,吊掛一段時間使其通風。之後再套上市售的不織布專用套收藏,既通風也不會堆積灰塵,比較安心。

容易發霉的 **皮製品**
不要收在深處

皮製品的弱點是濕氣與熱度,更是很容易發霉的纖細材質。換季時若收到衣櫃深處,下次換季拿出來可能就發霉了。為了避免這種情況,正確方式是收在靠近外側的通風處。要長期收藏前,別忘了先在通風良好處陰乾,確實去除上頭的濕氣才行。

監 修

中村安秀 (Nakamura Yasuhide)

乾洗店店長。服飾素材中心（FMC）會員。在乾洗店老店實習之後，以第三代身分繼承大阪老家的店面。具備處理纖維產品的專業證照，擁有「纖維製品品質管理士」資格。號召同業與乾洗技術專家成立專業集團，致力於促進業界整體的活性化。

森 惠美子 (Mori Emiko)

手工藝作家。在縫紉、刺繡、人偶、拼布、裂織等各種手作類別的領域中，皆有其充滿創意的獨特作品。近年來運用其擅長的整合能力，發表許多資源再生作品。質樸親切的作品吸引了非常多的粉絲。著作有《森惠美子的創意再生手作》（NHK出版）。

生活書 08

質感穿搭必備！

聰明衣飾保養祕笈

監　　　　修	／中村安秀・森惠美子
編　　　　著	／NHK出版
譯　　　　者	／黃詩婷
發　行　人	／詹慶和
總　編　輯	／蔡麗玲
執　行　編　輯	／蔡毓玲
編　　　　輯	／劉蕙寧・黃璟安・陳姿伶・李宛真・陳昕儀
執　行　美　術	／韓欣恬
美　術　編　輯	／陳麗娜・周盈汝
出　版　者	／美日文本文化館
發　行　者	／悅智文化事業有限公司
郵政劃撥帳號	／19452608
戶　　　　名	／悅智文化事業有限公司
地　　　　址	／新北市板橋區板新路206號3樓
電　子　信　箱	／elegant.books@msa.hinet.net
電　　　　話	／(02)8952-4078
傳　　　　真	／(02)8952-4084

2018年7月初版一刷　定價350元

IRUI NO OTEIRE
supervised by Yasuhide Nakamura and Emiko Mori, edited by NHK Publishing, Inc.
Copyright © 2016 NHK Publishing, Inc.
All rights reserved.
Original Japanese edition published by NHK Publishing, Inc.

This Traditional Chinese edition is published by arrangement with
NHK Publishing, Inc., Tokyo in care of Tuttle-Mori Agency, Inc., Tokyo
through Keio Cultural Enterprise Co., Ltd., New Taipei City

經銷／易可數位行銷股份有限公司
地址／新北市新店區寶橋路235巷6弄3號5樓
電話／(02)8911-0825　　傳真／(02)8911-0801

＊Staff

設計／大橋麻耶
「まる得マガジン」LOGO設計
北田進吾（KITADA-DESIGN）
攝影／林ひろし、藤田浩司、森山雅智
造型／肱岡香子
插圖／戶塚惠子
製圖／大森裕美子
製作協力／谷口睦子
校正／K'z Office
執行助理／伊藤友季子、丸山秀子
編輯協力／木戶紀子（CO2）
　　　　　渡部響子
協助／NHK planet近畿總分社

攝影・採訪協助／花王株式會社
攝影協助／CLOVER
採訪協助／大阪府乾洗生活衛生
　　　　　同業公會組合研究所

國家圖書館出版品預行編目資料

質感穿搭必備！聰明衣飾保養祕笈/ 中村安秀・森惠美子監修；NHK出版編著.
-- 初版. -- 新北市：美日文本文化館出版：悅智文化發行, 2018.07
　面；　公分. -- (生活書；08)
譯自：お気に入りを長く着る衣類のお手入れ：洗濯・しみ抜き・つくろい・しまい方
ISBN　978-986-93735-7-9(平裝)

1.衣飾 2.家政

423.6　　　　　　　　　　　107010438